职业教育教学质量提升工程系列教材

机械基础同步优化训练

苏 宁 王 江 主编

中国铁道出版社
CHINA RAILWAY PUBLISHING HOUSE

内容简介

本书是《机械基础》配套的学习辅导与练习用书。

本书内容紧密结合教材，共11章，主要包括绪论、机械零件的精度、杆件的静力分析、直杆的基本变形、工程材料、连接、常用机构、机械传动、支承零部件、机械的节能环保与安全防护、气压传动与液压传动。习题主要形式为填空题、选择题、判断题、简答题、分析题、计算题等，内容简单，尽量做到理论联系实际。通过习题的练习，可以帮助学生加深对机械基础的基本概念、基本原理和分析方法的理解，起到巩固和提高的作用。

本书可作为职业高中、技工学校、中专等机电类专业的教学参考用书，也可作为成人中等职业教育的培训及自学检验用书。

图书在版编目（CIP）数据

机械基础同步优化训练/苏宁，王江主编．—北京：中国铁道出版社，2018．3

职业教育教学质量提升工程系列教材

ISBN 978-7-113-24268-8

Ⅰ．①机… Ⅱ．①苏… ②王… Ⅲ．①机械学-中等专业学校-习题集 Ⅳ．①TH11-44

中国版本图书馆CIP数据核字(2018)第019377号

书　　名：机械基础同步优化训练

作　　者：苏宁　王江　主编

策　　划：陈　文　　　　读者热线：（010）63550836

责任编辑：陈　文　尹　娜

封面设计：刘　颖

责任校对：张玉华

责任印制：郭向伟

出版发行：中国铁道出版社（100054，北京市西城区右安门西街8号）

网　　址：http://www.tdpress.com/51eds/

印　　刷：虎彩印艺股份有限公司

版　　次：2018年3月第1版　2018年3月第1次印刷

开　　本：787 mm×1 092 mm　1/16　印张：12.25　字数：292千

书　　号：ISBN 978-7-113-24268-8

定　　价：32.00元

前 言

PREFACE

一、教材性质与任务

本教材是《机械基础》配套的学习辅导与练习用书，依据机械基础课程要求编写，根据职业岗位的职责和要求，机械类专业学生在掌握相关工艺知识和相应关键能力的前提下和相关教材配套使用。教材力争反映工作过程的规律，同时遵循认识过程的规律，力争达到循序渐进、举一反三的效果。在机械传动章节中，从运行应用的角度分析传动及传动零件的技术参数，按照工作过程形成“安装、运行、润滑、维护”主线。课程中我们整合了工程材料、机械机构、机械传动、液压与气压传动，以及机械零件相关知识点，在具有一定机械制图能力的基础上，进一步培养学生的机械工程知识和技能。

《机械基础辅导与练习》为机械基础知识和技能的培养，以及专业能力的培养提供了课程支撑；为学生胜任岗位工作提供了技术支撑。《机械基础辅导与练习》在学生的专业学习链上起到了承上启下的作用，是学生由偏重理论学习向结合工程实践学习的过渡；对建立学生工程意识、培养学生分析问题和解决问题的能力、养成学生严谨的工作作风起到了潜移默化的作用。

二、教材的基本理念

（1）坚持以人为本，以应用知识传授为基础，以工程技术能力培养为重点，以职业素质教育为核心，使学生学会学习、学会工作、学会与他人合作。

（2）以专业岗位职责需求整合相关教学内容，力求原课程知识体系的完整性和系统性，突出实用性和针对性，注重工程知识了解、掌握的广度，培养学生的横向扩展能力。

三、教材的目标

1. 知识与能力

（1）使学生了解一般机械中常用工程材料的类别、性能及选材原则，了解金属材料热处理的作用和常见方法。

（2）使学生掌握或了解一般机械中常用机构和通用零件的工作原理、组成、性能和特点，能够正确使用这些机构和零件。

（3）使学生掌握或了解一般机械中机械传动、液压与气压传动的系统组成、工作原理、应用特点等知识和技能。

（4）使学生能综合运用所学知识解决一般工程问题。

2. 过程与方法

建立现代课堂教学模式，提倡多种教学方法有机结合，教学中理论和实践相互交融、相互渗透，在掌握知识的过程中，既有能力的训练，也有方法的了解和运用，更有态度、情感和价值观的体验与培养，使学生在体验中建立自己的知识结构和能力结构。

3. 情感态度与价值观

培养学生崇尚科学、追求真理的精神，锐意进取的品质，独立思考的学习习惯，求真务实、踏实严谨的工作作风，通过学习和体验，使学生树立正确的世界观、人生观和价值观。

四、教材编写

本书由内蒙古赤峰市松山区职教中心苏宁、王江担任主编。

由于编者时间及编者水平有限，书中难免有疏漏和错误，恳请读者批评指正。

编　者

2017 年 12 月

目　录

CONTENTS

绪 论

基本内容

机械的组成；机械零件的材料、结构和承载能力；机械零件的摩擦、磨损和润滑。

学习要求

了解什么是机械、机器；了解机械零件的相关材料、润滑、磨损等。

第一节 机械的组成

一、填空题

1. 机械是______和______的总称。

2. 从用途的角度不同，机械分为四种：______机械、______机械、______机械、______机械。

3. 一部完整的机器，可以归纳为由______部分、______部分、______部分和______部分四个部分组成。

4. ______是工厂生产的最小制造单元，也是组成机器的最小单元，但不一定是最小的运动单元。

5. 零件分为______零件和______零件。

6. 机构是用来传递______和______的构件系统。

7. 构成机构的各个______单元称为构件。

8. 按一定顺序和规律实现运动，完成给定的工作循环，称为机器的______部分，如冲压机的离合器、制动器等。

9. 轴承、联轴器、离合器等由若干零件装配在一起构成的具有独立功能的部分，称为______。

10. 机器就是______的组合，它的各部分之间具有______用来______能量、物料或信息，代替或减轻人们的体力和脑力劳动。

二、判断题

1. 机构是用来传递运动和力的构件系统。(　　)
2. 冲压机中，离合器和制动器是传动系统。(　　)
3. 机器和机构是一样的，都是机械。(　　)
4. 自行车和电动自行车都是机器。(　　)
5. 机器由零件组成。(　　)
6. 构成机器的各个相对运动单元称为部件。(　　)
7. 只从结构和运动的角度来看，机构与机器之间没有区别。(　　)
8. 电动机、内燃机、发电机、压缩机都属于动力机械。(　　)
9. 曲轴、连杆和滑块都是通用零件。(　　)
10. 计算机属于数控机器中的控制部分。(　　)

三、单选题

1. 以下不属于冲压机中传动部分的是________。
   A. 齿轮
   B. 带轮
   C. 电动机
   D. 曲轴
2. 构成机器的不可拆的最小制造单元是________。
   A. 零件
   B. 部件
   C. 构件
   D. 机构
3. 以下不是通用零件的是________。
   A. 螺栓
   B. 滚动轴承
   C. 曲轴
   D. 键
4. 以下不属于机器的是________。
   A. 汽车
   B. 打印机
   C. 脚踏缝纫机
   D. 车床
5. 冲压机的动力来源称为________。
   A. 执行部分
   B. 动力部分
   C. 控制部分
   D. 传动部分
6. 下列机器中只有原动机部分和执行部分的是________。

A. 水泵
B. 排气扇
C. 汽车
D. 自行车

7. 汽车的转向器是________。
A. 动力部分
B. 传动部分
C. 控制部分
D. 执行部分

8. 把各部分之间具有确定的相对运动构件的组合称为________。
A. 机械
B. 机构
C. 机器
D. 机床

9. 下列属于机构的是________。
A. 机床
B. 纺织机
C. 千斤顶
D. 拖拉机

10. 车床上的刀架属于________。
A. 动力部分
B. 传动部分
C. 控制部分
D. 执行部分

四、简答题

1. 请简述机器与机构有什么异同。

2. 零件和构件有什么区别？

第二节　机械零件的材料、结构和承载能力

一、填空题

1. 中碳钢的含碳量（质量分数）为________左右，含碳量（质量分数）在________以上的铁碳合金称为铸铁。

2. 在选用材料制作机械零件时应该考虑________、________、________。

3. 机械零件丧失工作能力或不能达到设计要求的工作性能时，称为________。

4. ________是反映零件抵抗破坏的能力的重要指标，按工作条件的不同，强度分为________强度和________强度，根据破坏部位和破坏形式的不同，强度分为________强度和________强度。一般强度是指________强度。

5. ________指机械零件受到外力或外力矩的作用。

6. 碳质量分数在________以内的铁碳合金称为钢。

7. 零件不发生失效时的安全工作限度称为________。

8. 根据动力机的额定功率和额定转速计算出的载荷称为________载荷。

9. 在静应力作用下的零件，其主要失效形式是________或________。

10. 高副零件表面在载荷作用下，接触面表层出现局部应力称为________。

二、判断题

1. 在碳素钢中，含碳量越高，碳素钢越硬，但韧性下降，脆性变大。(　　)

2. 制作铆钉、螺钉等应选用高碳钢。(　　)

3. 铸铁具有良好的铸造性、减摩性、切削加工性，也能进行锻造。(　　)

4. 零件失效就是指零件损坏了。(　　)

5. 载荷系数 K 是一个小于 1 的数。(　　)

6. 在碳素钢中，碳质量分数越高，其强度越高，所以要选择高碳钢来制作建筑用的钢筋和机械零件。(　　)

7. 在静应力作用下的零件，其失效形式是疲劳断裂。(　　)

8. 零件工作时的最大工作应力应小于其许用应力。(　　)

9. 脉动循环应力、对称循环应力和非对称循环应力的曲线都是正弦曲线。(　　)

10. 通用化是指在不同规格的同类产品甚至不同类型的产品上采用同样的零部件。(　　)

三、单选题

1. 制造盖、座、床身等常用______材料。

　A. 碳钢

　B. 灰铸铁

　C. 合金钢

　D. 锻钢

2. 制造刀具、模具、量具等工具常选用________。

A. 合金工具钢

B. 碳素钢

C. 铸铁

D. 工程塑料

3. 实行机械零部件的标准化、系列化和通用化，不具有的优势是________。

A. 便于组织大规模生产

B. 缩短生产周期

C. 减少维修工时

D. 增加刀具和量具的规格

4. 在变应力作用下的零件，其主要失效形式是________。

A. 塑性变形

B. 疲劳断裂

C. 疲劳点蚀

D. 表面压溃

5. 用于制作密封件、减振件、输送带的材料是________。

A. 铝合金

B. 工程塑性

C. 橡胶

D. 铸造锡基和铅基合金

6. 在载荷作用下，如果应力是在零件较浅的表层内产生，在这种应力状态下的零件强度称为________。

A. 体积强度

B. 静强度

C. 疲劳强度

D. 表面强度

7. 对于初始点接触或线接触的高副零件表面，一般的失效形式是________。

A. 表面压溃

B. 断裂

C. 塑性变形

D. 疲劳点蚀

8. 载荷系数 K 的值________。

A. $\geqslant 1$

B. $\leqslant 1$

C. $=0$

D. 可为负数

9. 制作弹簧、工具、模具等应选用________。

A. 低碳钢

B. 高碳钢

C. 中碳钢

D. 铸铁

10. 制作曲轴应选用________。

A. 合金钢

B. 铜合金

C. 球墨铸铁

D. 低碳钢

11. 下列叙述中，________是正确的。

A. 变应力只能由变载荷产生

B. 静载荷不能产生变应力

C. 变应力只能由静载荷产生

D. 变应力也可能由静载荷产生

四、简答题

1. 材料的选用主要考虑哪些原则？

2. 什么是载荷系数？

3. 静载荷和动载荷有什么不同？

4. 机械零件的失效形式主要有哪些？

第三节　机械零件的摩擦、磨损和润滑

一、填空题

1. 根据摩擦副的表面润滑状态，摩擦的种类有__________、__________、__________、__________。

2. 按磨损的损伤机理和破坏特点，机械零件的磨损类型有__________、__________、__________、__________。

3. 磨损分为三个阶段：__________阶段、__________阶段和__________阶段。

4. 流体润滑分为__________润滑和__________润滑。

5. 介于边界润滑和弹性流体动力润滑之间的状态是__________润滑。

6. 相互摩擦的两个物体称为__________。

7. 根据摩擦副的运动状态，外摩擦可分为__________和__________；根据摩擦副的运动形式，可分为__________和__________。

8. __________是两相互接触的物体有相对运动或相对运动趋势时，在接触处产生阻力的现象。

9. __________是摩擦体接触表面的材料在相对运动中由于机械作用，或伴有化学作用而产生的不断损耗的现象。

10. 在摩擦副间施加润滑剂后，使摩擦副的表面吸附一层极薄的润滑剂膜，这种摩擦状态称为__________摩擦。

二、判断题

1. 润滑是减小磨损的有效措施。(　　)
2. 加工精度极高的两接触表面没有磨合阶段。(　　)
3. 边界摩擦副的表面吸附一层极薄的润滑油膜。(　　)
4. 流体动力润滑是靠外界的油压力形成的。(　　)
5. 点蚀产生于具有良好润滑条件的齿轮或滚动轴承传动之中。(　　)
6. 摩擦是自然界普遍存在的正常现象，只要有相对运动或相对运动趋势的两物体接触表面之间就会有摩擦存在，摩擦将使接触表面产生磨损。(　　)
7. 液体摩擦是指摩擦副的表面被一层具有一定压力和厚度的润滑膜完全隔开时产生的摩擦。(　　)
8. 磨合是一种有益的磨损。(　　)
9. 磨合阶段时间最长，所以它标志着零件的使用寿命。(　　)
10. 在流体润滑中，如果油的压力由油泵提供，称为流体静力润滑。(　　)

三、单选题

1. 摩擦是机械运动中普遍存在的现象，以下说法不正确的是______。

A. 有能量损耗

B. 机械效率降低

C. 使相对运动表面发热

D. 摩擦对物体的运动只能起阻碍作用

2. 理想状态的摩擦是________。

A. 干摩擦

B. 边界摩擦

C. 液体摩擦

D. 混合摩擦

3. 两相对运动的表面，由于黏着作用，使材料由一表面转移到另一表面所引起的磨损称为________。

A. 黏着磨损

B. 磨粒磨损

C. 表面疲劳磨损

D. 腐蚀磨损

4. 标志零件使用寿命的是________阶段。

A. 磨合磨损

B. 稳定磨损

C. 剧烈磨损

D. 以上三阶段

5. 润滑不具有以下________作用。

A. 降低温度

B. 增大摩擦

C. 缓和冲击

D. 防止锈蚀

6. 大海中的岩石在风浪中受到海水拍打属于________磨损。

A. 黏着

B. 磨料

C. 疲劳

D. 冲蚀

E. 腐蚀

7. 在摩擦过程中，由硬颗粒或硬凸起的材料破坏分离出磨屑或形成划伤的磨损称为________。

A. 黏着磨损

B. 磨粒磨损

C. 表面疲劳磨损

D. 腐蚀磨损

8. 机械设备应当在摩擦副进入________阶段之前及时检修。

A. 磨合

B. 稳定磨损

C. 剧烈磨损

D. 以上三个都可以

9. 以下可以减少磨损的措施是________。

A. 进行有效的润滑

B. 对摩擦副表面适当处理，提高耐磨性

C. 将滚动摩擦改为滑动摩擦

D. 提高加工和装配精度

10. 面接触的两摩擦表面被一层有足够厚度、足够压力的连续油膜完全隔开的状态，称为________。

A. 流体润滑

B. 动力润滑

C. 边界润滑

D. 混合润滑

四、简答题

1. 流体静力润滑和流体动力润滑有什么不同？

2. 说明减少磨损有哪些方法？

3. 按磨损的损伤机理和破坏的特点，用实例说明磨损的类型有哪四种？

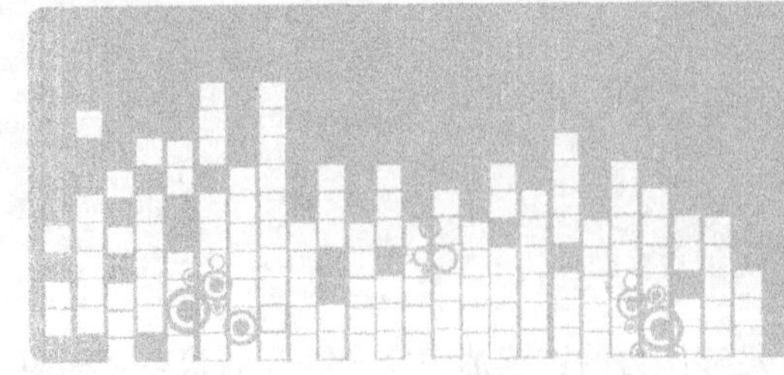

第一章 机械零件的精度

基本内容

机械零件的极限与配合、几何精度。

学习要求

了解机械零件几何精度的国家标准，读懂极限与配合、几何公差的标注。

第一节　极限与配合（1）

一、填空题

1. 互换性是指______的机械零部件按规定的技术要求制造，能够彼此相互替换使用而性能效果相同的性质。

2. 通过强度、刚度结构和工艺方面的要求确定的尺寸是______。

3. ______指某一尺寸减其公称尺寸所得的代数差。它分为______和______。

4. 允许尺寸的变动量是______，它是______减______之差，也是______减______之差。

5. 公差带包括两个要素：一个是公差带大小，由______确定，另一个是公差带的位置，由______确定。

6. 标准公差是指在标准的极限与配合制中所规定的任一公差，用符号______表示，国家标准规定了______个标准公差等级。

7. 孔和轴的基本偏差各有______种，其代号用一个或两个字母表示，大写字母表示______，小写字母表示______。

8. 在工程图样中没有标注公差的尺寸称为______或______。

9. 标准化的公差与偏差制度称为______。

10. 公差带代号由______和______构成。

11. 在孔的基本偏差中，H 左侧的基本偏差都______________于零，而在轴的基本偏差中，h 左侧的基本偏差都______________于零。

12. H 和 h 的基本偏差为______________，______________完全对称零线分布，其基本偏差为______________。基本偏差系列图只表示公差带的______________，并不表示公差带的______________，故只画出一端，另一端开口。

13. 相同公差等级的公称尺寸，其公称尺寸越大，则公差值越______________，而公称尺寸相同的轴的公差值从左向右越来越______________。

14. ______________是由代表两极限偏差或两极限尺寸的两平行直线所限定的一个区域。它反映公称尺寸、______________和______________三者之间的关系。

15. ______________是确定公差带相对零线位置的那个极限偏差。

二 、判断题

1. 不完全互换性是指在一批零件中，一部分零件具有互换性，而另一部分零件必须经过修配才具有互换性。(　　)

2. 尺寸公差大的一定比尺寸公差小的等级低。(　　)

3. 公差是零件尺寸允许的最大偏差。(　　)

4. 公差通常为正，在个别情况下也可以为负或零。(　　)

5. 不论公差值是否相等，只要公差等级相同，尺寸的精确程度就相同。(　　)

6. 零件的实际尺寸就是零件的真实尺寸。(　　)

7. 某一零件的实际尺寸正好等于其基本尺寸，则这尺寸一定合格。(　　)

8. 零件的最大极限尺寸一定大于其基本尺寸。(　　)

9. 基本尺寸一定时，公差值越大，公差等级越高。(　　)

10. 基本偏差是确定公差带相对零线位置的那个极限偏差。(　　)

三、单选题

1. 在基准制配合中，孔为基准孔，基本偏差代号为 H，其下极限偏差为________。
   A. >0
   B. <0
   C. =0
   D. 不能确定

2. 零件加工时产生表面粗糙度的主要原因是________。
   A. 刀具装夹不准确而形成的误差
   B. 机床几何精度方面的误差
   C. 机床—刀具—工件系统的振动、发热和运动不平衡
   D. 刀具和工件表面间的摩擦、切屑分离时表面层的塑性变形及工艺系统的高频振动

3. 关于孔和轴的概念，下列说法中错误的是________。
   A. 圆柱形的内表面为孔，圆柱形的外表面为轴
   B. 孔和轴的形状一定都是圆的
   C. 从装配关系上看，包容面为孔，被包容面为轴

D. 从加工过程上看，切削过程中尺寸由小变大的为孔，尺寸由大变小的为轴

4. 关于表面粗糙度符号、代号在图样上的标注，下列说法中错误的是________。

A. 符号的尖端必须由材料内指向表面

B. 代号中数字的注写方向必须与尺寸数字方向一致

C. 同一图样上，每一表面一般只标注一次符号或代号

D. 表面粗糙度符号或代号在图样上一般注在可见轮廓线、尺寸线、引出线或它们的延长线上

5. 最大极限尺寸与基本尺寸的关系是________。

A. 前者大于后者

B. 前者小于后者

C. 前者等于后者

D. 两者之间的大小无法确定

6. 最小极限尺寸减其基本尺寸所得的代数差为________。

A. 上偏差

B. 下偏差

C. 基本偏差

D. 实际偏差

7. 关于偏差与公差之间的关系，下列说法中正确的是________。

A. 实际偏差越大，公差越大

B. 上偏差越大，公差越大

C. 下偏差越大，公差越大

D. 上、下偏差之差的绝对值越大，公差越大

8. 关于尺寸公差，下列说法中正确的是________。

A. 尺寸公差只能大于零，故公差值前应标“+”

B. 尺寸公差是用绝对值定义的，没有正负的含义，故公差值前不应标“+”

C. 尺寸公差不能为负值，但可为零值

D. 尺寸公差为允许尺寸变动范围的界限值

9. 具有互换性的零件应是________。

A. 相同规格的零件

B. 不同规格的零件

C. 相互配合的零件

D. 形状和尺寸完全相同的零件

10. ϕ30A5 比 ϕ120A8 的基本偏差________。

A. 大

B. 小

C. 等于

D. 无法比较

四、简答题

1. 计算下列孔和轴的尺寸公差，并分别给出尺寸公差带图。

（1）孔基本尺寸为 50 mm，上偏差为+0. 039 mm，下偏差为 0 mm。

（2）轴基本尺寸为 65 mm，上偏差为-0. 060 mm，下偏差为-0. 134 mm。

2. 已知孔的直径为 60 mm，标准公差为 IT8 = 46 μm，其基本偏差 EI = 0，试计算其上、下极限偏差和上、下极限尺寸。

第二节　极限与配合（2）

一、填空题

1. ϕ50H7 中，ϕ50 表示______________，字母 H 是______________，它确定公差带的______________，数字 7 表示______________，它确定公差带的______________。

2. 基轴制配合中，轴称为______________，基本偏差代号为______________，其公差带位于______________，______________极限偏差为零。

3. ϕ30 的轴，上偏差是-0. 010，下偏差是-0. 036，其公差为______________。

4. 过盈配合中孔的公差带位于轴公差带的______________方，间隙配合中孔的公差带位于轴公差带的______________方，过渡配合中，孔的公差带和轴的公差带______________。

5. 同一极限制的孔和轴组成配合的一种制度称为______________。

6. 国家标准规定的用以确定公差带相对于______________位置的上偏差或下偏差称为______________。

7. 配合分为以下三种______________、______________、______________。

8. 配合公差是组成配合的孔、轴公差之______________。

9. 对于基准制的选用，优先选用______________制。

10. 国家标准规定了两种配合基准制：______________和______________。

11. 公差带代号由______________和______________构成，在零件图上的标注方法有三种，即在公称尺寸之后标注____________、标注上下极限偏差值和____________与____________同时标注。

12. 过渡配合中，孔的公差带与轴的公差带____________，其配合公差值等于相互配合的孔公差与轴公差之____________。

13. ____________配合主要用于孔、轴的活动连接；____________配合主要用于孔、轴的坚固连接，不允许两者有相对运动；____________配合主要用于孔、轴的定位连接。

14. 配合代号用孔、轴公差带代号组成的分数式形式，分子为____________的公差带代号，分母为____________的公差带代号。

15. 孔的尺寸减去相配合的轴的尺寸之差为正值时称为____________，用____________表示，为负值时称为____________，用____________表示。

二、判断题

1. 由于机械加工中，孔的加工较轴的加工困难，所以常选用基孔制，但对于与滚动轴承的外圈相配合的座孔，只能选择基轴制。(　　)

2. 配合公差总是大于孔或轴的尺寸公差。(　　)

3. 间隙配合中，孔的公差带一定在零线以上，轴的公差带一定在零线以下。(　　)

4. 过渡配合可能有间隙，也可能有过盈。因此，过渡配合可以是间隙配合，也可以是过盈配合。(　　)

5. 在配合公差带图中，过盈配合的公差带完全位于零线下方。(　　)

6. 同一公称尺寸的轴上装配几个不同配合的零件时，采用基轴制。(　　)

7. 零件图上公差带代号的标注方法有三种，在单件生产时，为了检测和生产方便，应当标注零件上、下极限偏差的具体数值。(　　)

8. 间隙配合中，孔的最小极限尺寸大于轴的最大极限尺寸。(　　)

9. 图样中的尺寸不标注上、下极限偏差数值的，说明可以不受约束地生产，生产出的产品都算合格尺寸。(　　)

10. 在满足使用要求的前提下，尽量选用较低的标准公差等级。(　　)

11. 配合公差越大，装配精度越低。(　　)

12. 配合公差是组成配合的孔、轴公差之和，它是允许间隙或过盈的变动量，配合公差反映配合精度。(　　)

13. 间隙配合的配合公差带位于零线上、下两侧。(　　)

14. $\phi75\pm0.060$ mm 的基本偏差是+0.060 mm 尺寸公差为 0.06 mm。(　　)

15. 孔和轴的加工精度越高，则其配合精度也越高。(　　)

三、单选题

1. 在基孔制配合中，基准孔的公差带确定后，配合的最小间隙或最小过盈由轴的________确定。

A. 基本偏差

B. 公差等级

C. 公差数值

D. 实际偏差

2. 下列标注中，________表示孔。

A. ϕ80H7

B. ϕ80h6

C. ϕ80m6

D. ϕ80js6

3. 对于过盈配合，孔的尺寸减去轴的尺寸之差为________值。

A. 正

B. 负

C. 0

D. 正负值不能确定

4. 在表示两零件的配合关系时，一般要注上配合________。

A. 数值

B. 代号

C. 数值和代号

D. 可以不标注

5. 与标准件配合的零件，其公差等级由________的精度要求所决定。

A. 标准件

B. 零件本身

C. 重要零件

D. 技术要求

6. 孔的尺寸减去相配合的轴的尺寸之差为正值时称为________。

A. 过盈

B. 间隙

C. 过渡

D. 公差

7. ________主要用于孔和轴的活动连接。

A. 过渡配合

B. 过盈配合

C. 间隙配合

D. 任意配合

8. 配合公差带图中，________配合公差带完全位于零线以上。

A. 间隙配合

B. 过盈配合

C. 过渡配合

D. 任意配合

9. 长度为 220 mm 的未注公差，如果其公差等级为 m 级，则其上、下极限值为________mm。

A. ±0. 2

B. ±0. 5

C. ±0. 8

D. ±1.5

10. 下列标注中，________表示基轴制中的基准轴。

A. ϕ80H7

B. ϕ80h6

C. ϕ80m6

D. ϕ80js6

四、计算题

1. 从孔和轴的上、下极限偏差表中查出下列公称尺寸配合的上、下极限偏差，并计算其过盈或间隙值，判断属于哪种配合。

（1）ϕ60H8/f7；

（2）ϕ60H8/k7；

（3）ϕ60H8/s7。

2. 已知下列配合，画出其公差带图，指出其基准制、配合种类并求出其极限特征值。

（1）$\phi30H8\left(^{+0.033}_{0}\right)/f7\left(^{-0.020}_{-0.041}\right)$；　　（2）$\phi30H6\left(^{+0.016}_{0}\right)/m5\left(^{+0.020}_{+0.009}\right)$。

3. 在某配合中，已知孔的尺寸标准为 $\phi20^{+0.013}_{0}$，$X_{max}=+0.011$ mm，Tf = 0.022 mm，求出轴的上、下偏差及其公差带代号。

第三节　几何精度

一、填空题

1. 几何公差的特征项目分为__________、__________、__________和__________4大类，共__________种公差项目。

2. 理论正确的要素称为__________要素。

3. 当被测要素是组成要素时，指引线箭头应指在__________上，且与__________明显分开。

4. 当被测要素是导出要素时，指引线箭头应与该要素对应的尺寸要素的__________重合。

5. 关联要素的位置公差有基准要求，必须注明__________。

6. 形状与位置误差简称__________，它包括______公差、__________公差和__________公差三大类。

7. 形状公差框格由__________格组成，位置公差由__________到五格组成，框格最左端填写__________。

8. 当被测要素是中心要素时，指引线箭头应与要素对应的轮廓要素的尺寸线__________。

二、判断题

1. 理论正确尺寸可以用来确定被测要素的理想形状、理想方向和理想位置。(　　)

2. 标注形状公差时，指引线可以曲折，但不能多于两次。(　　)

3. 对于基准代号，无论基准代号在图样上的方向如何，正方形内的字母均应水平书写。(　　)

4. 仅有形状公差要求的要素称为单一要素。(　　)

5. 基准代号的字母可以小写也可以大写。(　　)

三、选择题

1. 用来确定被测要素方向或（和）位置的要素，称为_______。

   A. 被测要素

   B. 导出要素

   C. 基准要素

   D. 公称要素

2. 当以中心要素作为基准时，基准代号应_______。

   A. 其连线与尺寸线对齐

   B. 靠近基准要素的轮廓线

   C. 其连线与尺寸线偏移

   D. 放在任意位置

3. 几何公差采用________的形式标注。

A. 加重字体

B. 框格

C. 图画

D. 圆圈

4. 既是形状公差项目又是位置公差项目的是________。

A. 平面度

B. 同轴度

C. 垂直度

D. 线轮廓度

5. 几何公差的框格和指引线均用________绘制。

A. 粗实线

B. 细实线

C. 虚线

D. 点画线

四、分析题

1. 解释图 1-3-1 中各形位公差项目的含义，指出哪些要素是基准要素，哪些是被测要素，哪些项目属于形状公差？

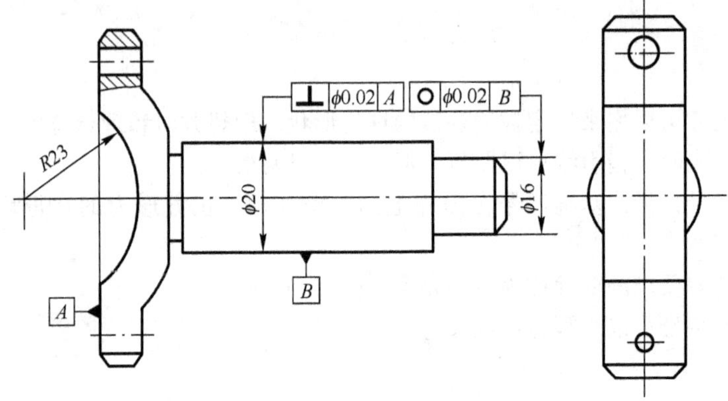

图 1-3-1

⊥ ϕ0.02 A 被测要素____________________，基准要素____________________，公差项目____________________，公差值____________________。

○ ϕ0.02 B 被测要素____________________，基准要素____________________，公差项目____________________，公差值____________________。

2. 如图 1-3-2 所示，试按要求填空并回答问题。

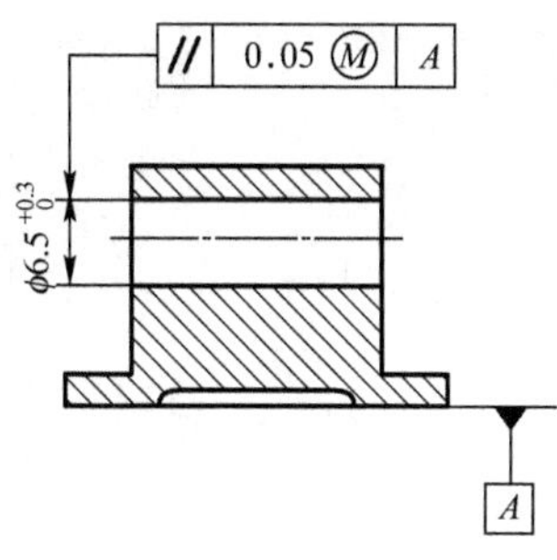

图 1-3-2

（1）当孔处在最大实体状态时，孔的轴线对基准平面 A 的平行度公差为________mm。

（2）孔的局部实际尺寸必须在____________mm 至____________mm 之间。

（3）孔的直径均为最小实体尺寸 ϕ6.6 mm 时，孔轴线对基准 A 的平行度公差为________________mm。

（4）一实际孔，测得其孔径为 ϕ6.55 mm，孔轴线对基准 A 的平行度误差为 0.12 mm。问该孔是否合格？____________。

（5）孔的实效尺寸为____________mm。

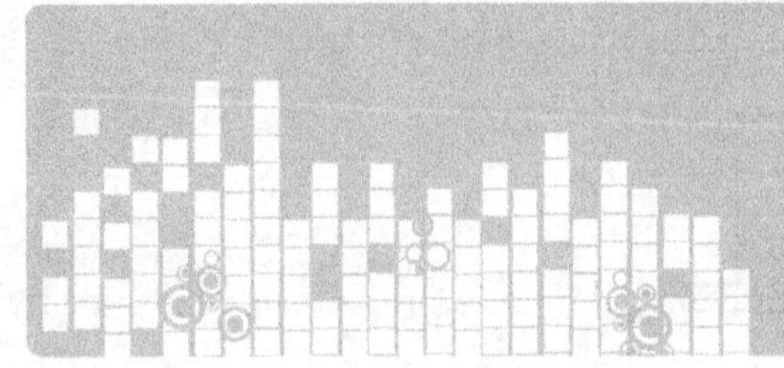

第二章 杆件的静力分析

基本内容

力、力矩、力偶；平衡力系；约束；约束类型及约束反力；分离体和受力图；平面汇交力系；平面平行力系；平面力偶系；平面任意力系。

学习要求

掌握力、力矩、力偶、力在坐标轴上的投影的基本概念，能熟练计算力矩、力偶矩及力在坐标轴上的投影；掌握常见约束的性质，能从简单的物体系统中选取分离体，正确地画出其受力图；掌握平面一般力系及特殊力系的平衡条件，能熟练运用平衡方程求解单个物体及简单物系的平衡问题。

第一节　力的概念与基本性质

一、填空题

1. 力的三要素是______________、______________、______________。

2. 作用在物体上同一点的两个力，其合力也作用在该点上，合力的大小和方向由______________确定。

3. 工程上常将作用力分解为沿______________方向和______________方向的分力。

4. 力是一个有方向的______________量，它用______________表示。

5. 作用于刚体上的力，可以沿其______________移动到该刚体上的任一点，而不改变它对刚体的作用效果。

6. 在已知力系上加上或减去任意的______________，并不改变原力系对刚体的作用。

7. 已知合力求分力的过程，称为______________。

8. 力是使物体的______________的物体间的相互作用。

9. 在力的作用下，大小和形状不变的物体，或变形极微小，可以忽略不计的物体称为______________。

10. 合力与分力的关系是______________的关系。

二、判断题

1. 加减平衡力系公理和力的可移性原理适用于任何物体。(　　)
2. 二力平衡公理、力的可传性原理和力的平移原理都只适用于刚体。(　　)
3. 刚体是客观存在的，无论施加多大的力，它的形状和大小始终保持不变。(　　)
4. 物体的平衡是指物体静止。(　　)
5. 二力平衡的条件：二力等值、反向，作用在同一个物体上。(　　)
6. 作用力和反作用力大小相等、方向相反，所以它们的合力等于零。(　　)
7. 只有两个物体处于相对静止时，它们之间的作用力和反作用力的大小才相等。(　　)
8. 力是物体间的相互作用，所以任何力都是成对出现的。(　　)
9. 合力一定比分力大。(　　)
10. 两个力大小相等、方向相同，则这两个力对物体的作用效果相同。(　　)
11. 鸡蛋碰石头，鸡蛋破了，说明石头对鸡蛋的力大于鸡蛋对石头的力。(　　)
12. 双手握方向盘的力是一对平衡力。(　　)
13. 由一个力分解为两个分力可以有无数组解。(　　)
14. 力的三要素中任何一个改变时，力对物体的作用效应就会改变。(　　)
15. 由于作用力与其反作用力大小相等、方向相反，所以这两个力可以平衡。(　　)

三、单选题

1. 以下说法中不正确的是________。
   A. 物体在两个力作用下平衡的充分必要条件是这两个力等值、反向、共线
   B. 静力学中主要研究力对物体的外效应
   C. 凡是受到两个力作用的刚体都是二力构件
   D. 力沿其作用线滑移不会改变其对物体的作用效应

2. 作用在刚体上的三个相互平衡的力，若其中两个力的作用线相交于一点，则第三个力的作用线________。
   A. 必定交于同一点
   B. 不一定交于同一点
   C. 必定交于同一点且三个力的作用线共面
   D. 必定交于同一点但不一定是共面

3. 将一个已知力分解成两个分力时，下列说法正确的是________。
   A. 至少有一个分力小于已知力
   B. 分力不可能与已知力垂直
   C. 若已知两个分力的方向，则这两个分力的大小就是唯一确定了
   D. 若已知一个分力的方向和另一个分力的大小，则这两个分力的大小一定有两组值

4. 力和物体的关系是________。
   A. 力不能脱离物体而独立存在
   B. 只有物体运动时才能受到力的作用
   C. 力可以脱离物体而独立存在
   D. 力和物体没有关系

5. 静止在水平地面上的物体受到重力 G 和支持力 F_N 的作用，物体对地面的压力为 F，则以下说法中正确的是________。

A. F 和 F_N 是一对平衡力

B. G 和 F_N 是一对作用力和反作用力

C. F_N 和 F 的性质可以不同

D. G 和 F 是一对平衡力

6. 关于作用力和反作用力，下面说法正确的是________。

A. 一个作用力和它的反作用力的合力等于零

B. 作用力和反作用力可以是不同性质的力

C. 作用力和反作用力同时产生，同时消失

D. 先有作用力后有反作用力

7. 作用力与反作用力________。

A. 是平衡的

B. 不能平衡

C. 两力没有关系

D. 可以相互抵消

8. $F_1=4\ \text{N}$ 与 $F_2=10\ \text{N}$ 共同作用在一个物体上，它们的合力不可能是________。

A. 15 N

B. 6 N

C. 14 N

D. 10 N

9. 两人抬提包时，为了省力，两人手臂间的夹角________。

A. 大一些

B. 小一些

C. 在同一水平直线上

D. 无所谓

10. 根据“力是一个物体对另一个物体的作用”，则受力物体和施力物体的区别是________。

A. 前一物体是受力物体，后一物体是施力物体

B. 前一物体是施力物体，后一物体是受力物体

C. 根据研究对象，才能确定两个物体中哪个是施力物体或受力物体

D. 以上说法都不对

四、简答题

1. 作用力与反作用力是一对平衡力吗？

2. 二力平衡条件、加减平衡力系原理能否用于变形体？为什么？

3. 只受两个力作用的构件称为二力构件，这种说法对吗？为什么？

4. 作出图 2-1-1 所示物体系中每个刚体的受力图。设接触面都是光滑的，没有画重力矢的物体都不计重力。

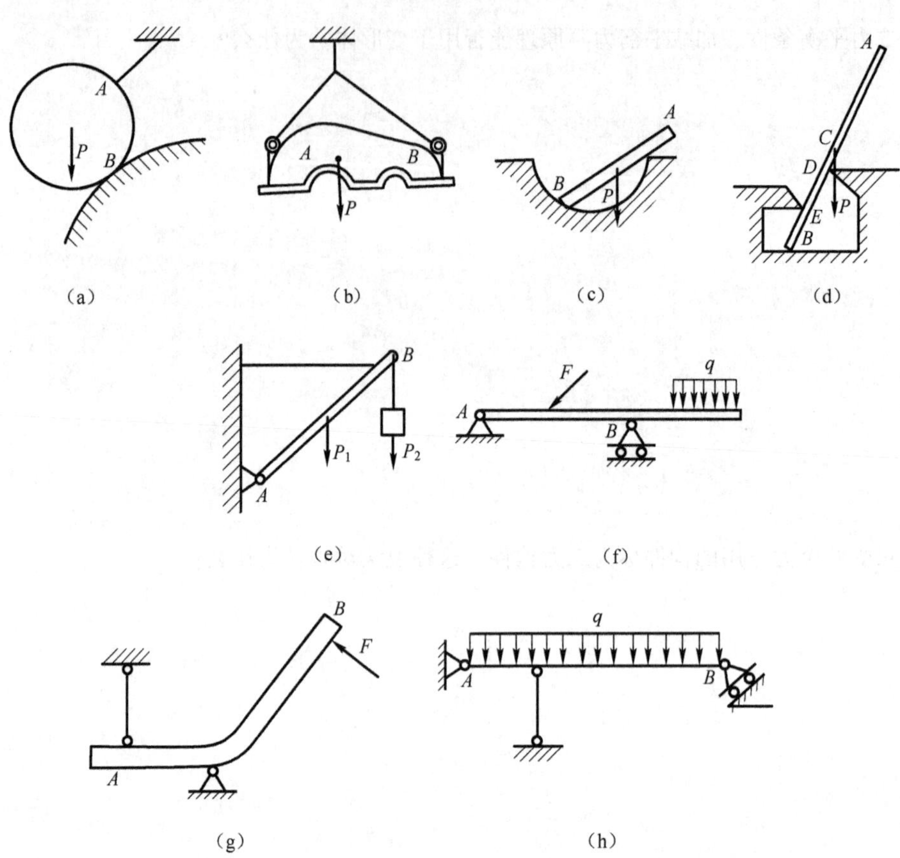

图 2-1-1

5. 分别画出图 2-1-2 所示结构中 AB 与 BC 的受力图。

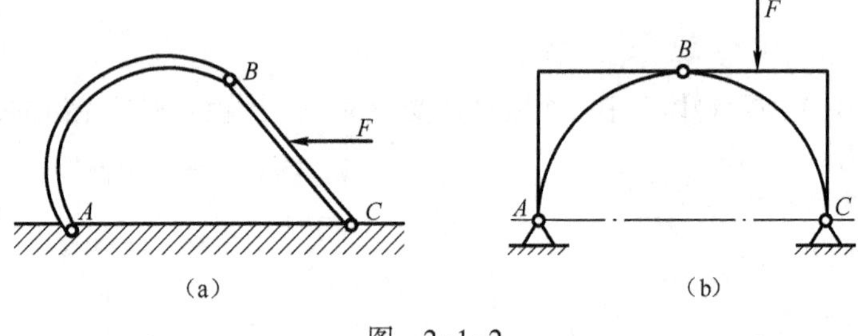

图 2-1-2

6. 画出图 2-1-3 中所列物体及整个系统的受力图（各构件的自重不计，摩擦不计）。

（1）图 2-1-3（a）中的杆 *DH*、*BC*、*AC* 及整个系统；

（2）图 2-1-3（b）中的杆 *DH*、*AB*、*CB* 及整个系统。

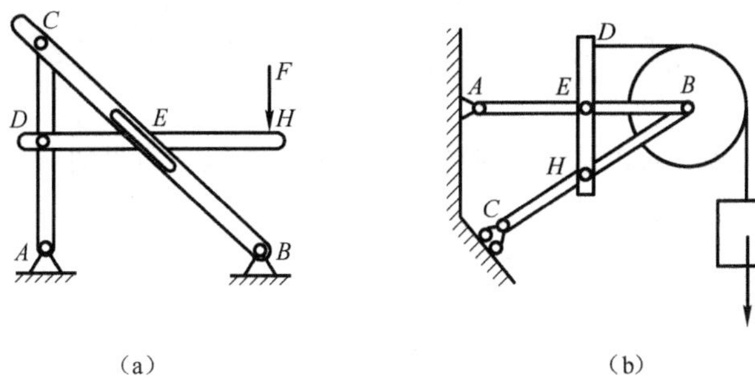

图 2-1-3

7. 力的平行四边形法则的内容是什么？

8. 马拉车前进是因为马拉车的力大于车拉马的力，这种说法正确吗？请解释说明。

第二节　力矩、力偶与力的平移

一、填空题

1. 作用于刚体上的力，可以平移到刚体上任意一点，但必须附加一个力偶才能与原来的力等效，附加力偶的力偶矩等于______________。

2. 力偶是大小______________、方向______________、作用线______________的一对相互作用力。

3. 力臂是矩心 O 到______________的垂直距离。

4. 为了提高力的转动效果，一方面可以增加力的大小，另一方面可以______________。

5. 对于力矩，规定使物体产生逆时针旋转的力矩为______________值，产生顺时针旋转的力矩为______________值。

6. 力偶中两个力的作用线间的距离称为______________。

7. 物体受力偶作用发生______________。

8. 力矩与力的位置______________关，力偶矩与矩心的位置______________关。

9. 当力的作用线通过矩心时，力矩为______________。

10. 工程实际使用的切割机、撬杠等都应用了______________的原理。

二、判断题

1. 用扳手拧紧螺母时，用力越大，螺母就越容易拧紧。(　　)

2. 力偶的位置可以在其作用面内任意移动，而不会改变它对物体的作用效果。(　　)

3. 力偶只能使物体产生转动效应。(　　)

4. 同时改变力偶中力的大小和力偶臂长短（保持它们的乘积不变），而不改变力偶的转向，力偶对物体的作用效果就一定不会改变。(　　)

5. 当矩心的位置改变时，可能会使一个力的力矩、大小和正负都发生变化。(　　)

6. 相互平衡的两个力对同一点的矩的代数和等于零。(　　)

7. 作用在刚体上的力，可以平移到刚体上任意一点，但必须附加一个力偶才能与原来的力等效。(　　)

8. 力偶可以用一个力来平衡。(　　)

9. 力沿其作用线移动，力对点之矩不变。(　　)

10. 由力矩的定义可知，力越大，力矩越大。(　　)

三、单选题

1. 一个力矩的矩心位置发生改变，一定会使__________。

   A. 力矩的大小改变，正负不变

   B. 力矩的大小和正负都可能改变

   C. 力矩的大小不变，正负改变

   D. 力矩的大小和正负都不改变

2. 力偶对物体产生的运动效应为________。

A. 只能使物体转动

B. 只能使物体移动

C. 既能使物体转动，又能使物体移动

D. 它与力对物体产生的运动效应有时相同，有时不同

3. 一个力对某点的力矩不为零的条件是________。

A. 作用力不等于零

B. 力的作用线不通过矩心

C. 作用力和力臂均不为零

D. 任何时候力对点的力矩都不为零

4. 图 2-2-1 所示的各组力偶中的等效力偶组是________。

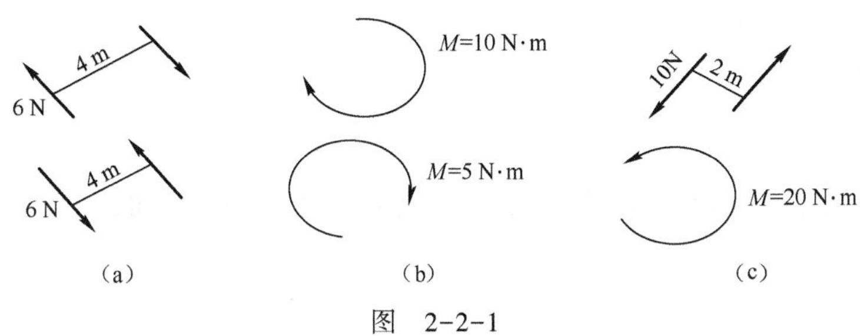

图 2-2-1

A. (a)

B. (b)

C. (c)

D. 都不对

5. 力 F 使物体绕 O 点的转动效果用________来度量。

A. 力臂

B. 力偶

C. 力矩

D. 力偶矩

6. 属于力矩作用的是________。

A. 用丝锥攻螺纹

B. 双手转动方向盘

C. 用扳手拧螺母

D. 用扳手拧车床卡盘上的卡爪

7. 下列关于力偶性质的说法中不合理的是________。

A. 力偶和力都是力系的基本元素，力偶可以用一个力来代替

B. 力偶对其平面内任一点的力矩都等于力偶矩，而与矩心的位置无关

C. 力偶在任一轴上的投影都等于零

D. 平面力偶系合成的结果是一个力偶

8. 关于力偶与力偶矩的论述，下列说法正确的是________。

A. 力偶对物体既产生转动效应，又产生移动效应

B. 力偶可以简化为一个力，因此能与一个力等效

C. 力偶对其作用面内任一点之矩，都等于力偶矩

D. 作用一个物体上的两个大小相等、方向相反、不共线的平行力，称为力偶矩

9. 对于力矩这一概念，下列说法不正确的是________。

A. 力矩是代数量，有正负之分

B. 当力的大小为零，或力臂为零时，力矩为零

C. 当力平移时，不会改变力对某点的矩

D. 计算力矩时，矩心的选择影响力矩的大小和转向

10. 对物体的运动效果与其作用的位置无关的是________。

A. 力

B. 力矩

C. 力偶

D. 力偶矩

四、简答题

力偶中的两个力是等值反向的，作用力与反作用力也是等值反向的，而二力平衡条件中的两个力也是等值反向的，试问三者有何区别？

五、计算题

1. 求图 2-2-2 所示力 F 对 O 点的力矩。

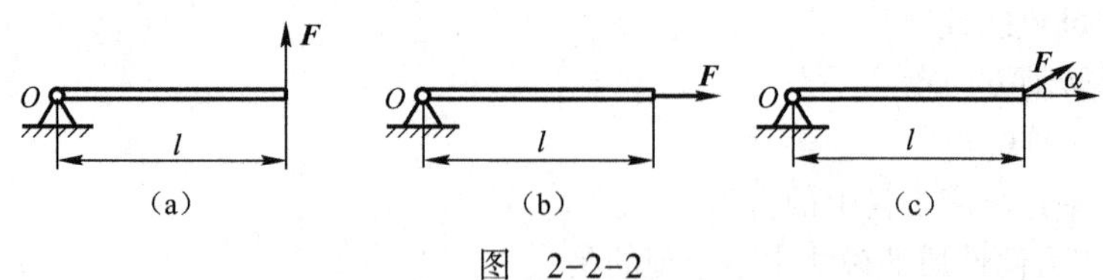

图 2-2-2

2. 求图 2-2-3 所示力系的合力对 O 点的力矩。已知 $F_1=100$，$F_2=60\ \mathrm{N}$，$F_3=80\ \mathrm{N}$，$F_4=50\ \mathrm{N}$。

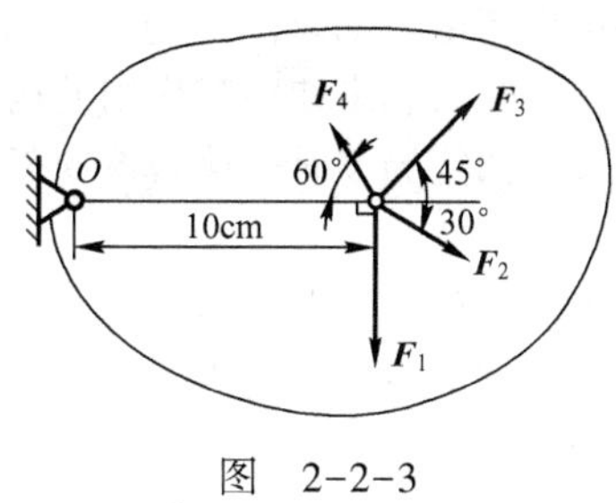

图 2-2-3

第三节 约束、约束反力、力系和受力图的应用

一、填空题

1. 约束反力的方向总是与该约束所限制的运动方向______________。

2. 柔性约束对物体的约束力是沿着柔体的中心线______________被约束物体的______________力。

3. 光滑面约束力的方向是通过接触点并沿着______________指向______________。

4. 物体的一部分固嵌于另一物体所构成的约束，称为______________。

5. 各个力的作用线全部汇交于一点的力系称为______________。

6. 构件只能绕销轴回转中心相对转动，不能发生相对移动而构成的约束，称为______________。

7. 固定端约束的约束反力包括限制移动的两个______________和限制转动的______________。

8. 表示物体受力情况的简明图形称为______________。

9. 两端通过铰链与其他物体连接而不计质量的构件称为______________。它受的这两个力大小______________，方向______________，方向必沿______________。

10. 活动铰链约束的约束力通过______________，垂直于______________，指向______________。

二、判断题

1. 受平面力系作用的刚体只可能产生转动。(　　)
2. 列平衡方程求解，应尽量将已知力和未知力都作用的构件作为研究对象。(　　)
3. 当平面一般力系对某点的合力偶矩为零时，该力系向任一点简化的结果必为一个合力。(　　)
4. 平面汇交力系的合力一定大于任何一个分力。(　　)
5. 受平面汇交力系作用的刚体，若力系合力为零，则刚体一定平衡。(　　)
6. 光滑接触面的约束反力是通过接触点、沿接触面在该点的公切线作用的压力。(　　)
7. 柔体约束的约束反力通过接触点，其方向沿着柔体约束的中心线，且为拉力。(　　)
8. 约束反力是被动力，其方向总是与约束所能阻止的运动方向相同。(　　)
9. 铰杆必定为二力杆。(　　)
10. 圆柱铰链只能限制物体移动而不能限制物体转动。(　　)
11. 光滑面约束不仅能阻止被约束物体沿光滑支承面运动，还能阻止被约束物体沿接触面的公法线方向运动。(　　)
12. 固定铰链、固定端的约束反力完全一样，只用一对正交分力来表示。(　　)
13. 二力构件是指两端用铰链连接并且只受两个力作用的构件。(　　)
14. 约束反力是阻碍物体运动的力。(　　)
15. 柔性约束既能承受拉力又能承受压力。(　　)

三、单选题

1. 下列表述中正确的是________。
   A. 任何平面力系都具有三个独立的平衡方程式
   B. 任何平面力系只能列出三个平衡方程式
   C. 在平面力系的平衡方程式的基本形式中，两个投影轴必须相互垂直
   D. 平面力系如果平衡，该力系在任意选取的投影轴上投影的代数和必为零

2. 在图 2-3-1 所示三铰拱架中，若将作用于构件 AC 上的力偶 M 移到构件 BC 上，则 A、B、C 处的约束力________。

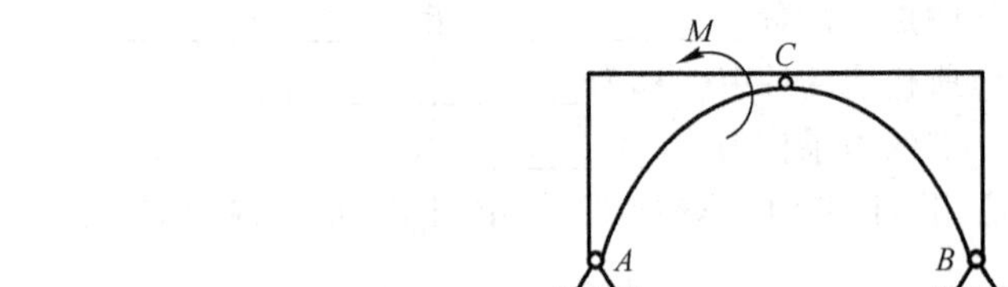

图　2-3-1

   A. 都不变
   B. 只有 C 处的改变
   C. 都变
   D. 只有 C 处的不改变

3. 若某刚体在平面任意力系作用下平衡，则此力系各分力对刚体________之矩的代数和

必为零。

A. 特定点

B. 重心

C. 任意点

D. 坐标原点

4. 平面任意力系平衡的充分必要条件是________。

A. 合力为零

B. 合力矩为零

C. 各分力对某坐标轴投影的代数和为零

D. 合力和合力矩均为零

5. 在图 2-3-2 所示的悬臂梁上，作用有垂直于轴线的力 F，主动力和约束反力一般构成平面________力系。

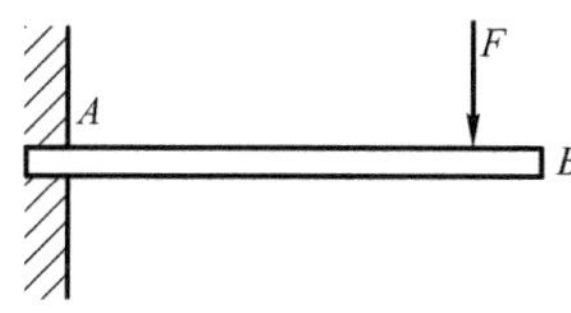

图 2-3-2

A. 汇交

B. 平行

C. 任意

D. 垂直

6. 柔体约束对物体的约束反力，通过接触点，沿柔体中心线________。

A. 指向被约束物体，为压力

B. 指向被约束物体，为拉力

C. 背离被约束物体，为压力

D. 背离被约束物体，为拉力

7. 二力杆是指________。

A. 两端用光滑铰链连接的杆

B. 只受两个力作用的直杆

C. 只受两个力作用且平衡的杆件

D. 两端用光滑铰链连接，不计自重且中间不受力的杆

8. 下列说法正确的是________。

A. 车床卡盘上的工件受固定铰链约束

B. 门上的合页是链杆约束

C. 梯子架在墙上是可动铰支座

D. 吊车上的绳子属于柔体约束

9. 以下约束中，约束反力的作用线不能确定的是________。

A. 链杆

B. 柔性约束

C. 光滑接触面约束

D. 固定铰支座

10. 下列几种约束类型中，________的反力不能确定其作用线。

A. 柔性约束

B. 光滑接触面约束

C. 可动铰支座约束

D. 固定铰支座约束

四、简答题

画受力图的一般步骤是什么？

五、作图题

画出图 2-3-3 所示的结构中 AB 梁的受力图。

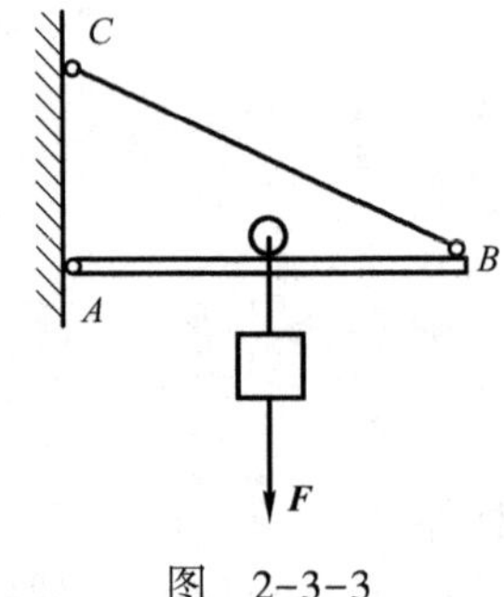

图　2-3-3

第四节　平面力系的平衡方程及应用

一、填空题

1. 平面汇交力系合成的结果是______________，若该力系不引起物体或构件运动状态的改变，即该力系是______________。

2. 平面______________力系和平面______________力系都是平面任意力系的特例，都只有两个平衡方程。

3. 直齿圆柱齿轮沿齿廓的公法线方向受法向力 F_n，可分解为______________和______________。

4. 机器工作时，输出的有用功率与输入功率之比，称为______________。

5. 在一个有带传动、齿轮传动、链传动组成的传动系统中，常将______________传动布置在高速级。

二、判断题

1. 力在轴上的投影等于零，则该力一定与该轴平行。(　　)

2. 平面任意力系的平衡方程和平面汇交力系的平衡方程都是两个。(　　)

3. 当平面汇交力系平衡时，力系中所有的力在 X、Y 两坐标轴上投影的代数和分别为零。(　　)

4. 机械效率总是小于 1 。(　　)

5. 在金属切削粗加工时，若材料硬，背吃刀量大，常选择较大的转速。(　　)

三、简答题

1. 平面汇交力系平衡的条件是什么？并写出它的平衡方程。

2. 平面任意力系平衡的条件和平面汇交力系平衡的条件有什么不同？

3. 汽车爬坡时，驾驶人应采用高挡位还是低挡位？为什么？

4. 在同一台机器中，为什么低速轴比高速轴受力大，直径也大？

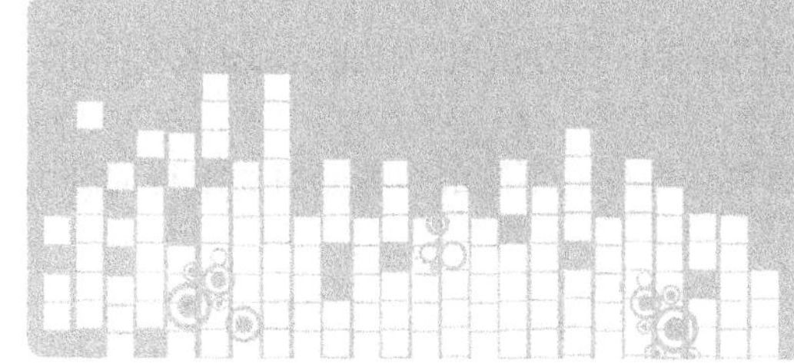

第三章 直杆的基本变形

基本内容

杆件变形的基本形式；轴向拉伸与压缩的内力；应力；截面法求轴力；材料的力学性能；低碳钢的拉伸实验；材料的强度指标与塑性指标；冷作硬化。

学习要求

了解杆件变形的基本形式；了解材料在拉伸和压缩时的力学性能；掌握杆件拉伸和压缩时的应力并能进行简单的强度计算。

第一节 直杆轴向拉伸与压缩时的变形与应力分析

一、填空题

1. 零件抵抗变形的能力称为____________，零件抵抗破坏的能力称为____________。

2. 杆件内部由于外力作用而产生的相互作用力称为____________，在某一范围内，它随外力的增大而____________。

3. 材料力学是一门研究构件____________、____________和____________的科学。

4. 求内力的基本方法是____________。

5. 单位面积上的内力称为____________。

6. 轴向拉伸或压缩的受力特点是沿轴向作用一对____________的____________力或____________力。变形特点是沿轴向____________或____________。

7. 杆件所受其他物体的作用力都称为外力，它包括____________和____________。

8. 正应力的正负号规定为：拉伸应力为____________，压缩应力为____________。

9. 杆件轴向拉伸或压缩时，其横截面上的正应力是____________分布的。

10. 长度和横截面积相同的一段钢杆和一段铝杆，受到相同的拉力作用时，它们受到的应力____________，它们的应变____________。

二、判断题

1. 轴向拉（压）时，杆件的内力的合力必与杆件的轴线重合。(　　)

2. 使用截面法求得的杆件轴力，与杆件截面积的大小无关。(　　)

3. 轴力是因外力而产生的，故轴力就是外力。(　　)

4. 长度和截面积相同、材料不同的两直杆受相同的轴向外力作用，则正应力也必然相同。(　　)

5. 杆件的不同部位作用着若干个轴向外力，如果从杆件的不同部位截开时所求得的轴力都相同。(　　)

6. 应力反映了内力的分布集度。(　　)

7. 内力是随外力的变化而变化的。(　　)

8. 轴力的大小与外力有关，与杆件的强度和刚度无关。(　　)

9. 轴力的拉力为正、压力为负。(　　)

10. 拉（压）杆的受力特点是直杆的两端作用一对大小相等、方向相反的力。(　　)

三、单选题

1. 图 3-1-1 所示为一受拉直杆，其中 AB 段与 BC 段内的轴力及应力关系为________。

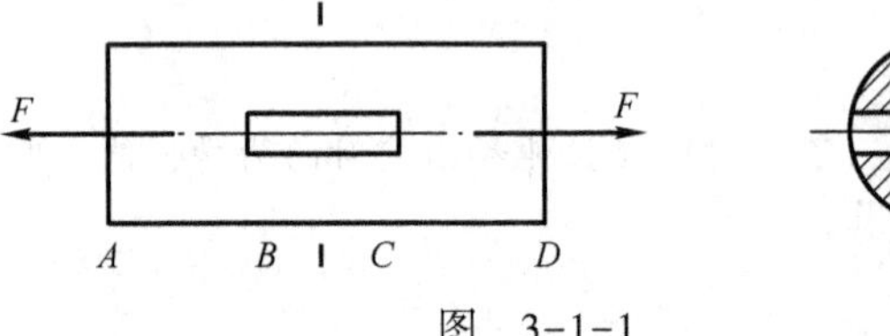

图　3-1-1

A. $F_{NAB}=F_{NBC}$　　$\sigma_{AB}=\sigma_{BC}$

B. $F_{NAB}=F_{NBC}$　　$\sigma_{AB}>\sigma_{BC}$

C. $F_{NAB}=F_{NBC}$　　$\sigma_{AB}<\sigma_{BC}$

D. $F_{NAB}<F_{NBC}$　　$\sigma_{AB}=\sigma_{BC}$

2. 轴力________。

A. 是杆件轴线上的载荷

B. 是杆件截面上的内力

C. 与杆件的截面积有关

D. 与杆件的材料有关

3. 图 3-1-2 所示 AB 杆两端受大小为 F 的力的作用，则杆内截面上的内力大小为________。

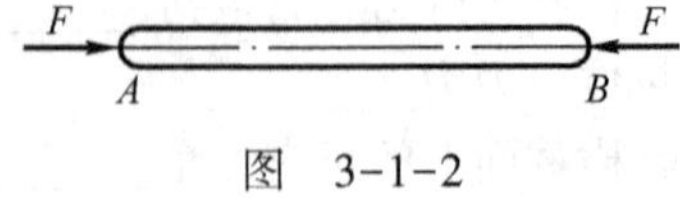

图　3-1-2

A. F

B. F/2

C. 0

D. 2F

4. 图 3-1-3 中，若杆件横截面积为 A，则其杆内的应力值为________。

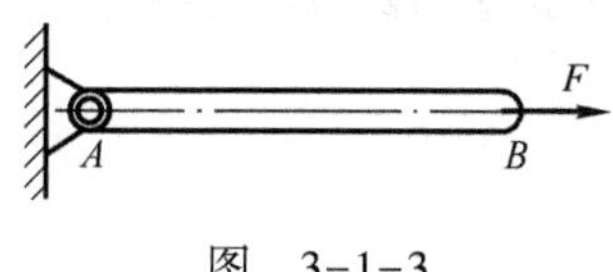

图　3-1-3

A. F/A

B. $F/(2A)$

C. 0

D. $2F/A$

5. 图 3-1-4 所示各杆件中的 AB 段，受轴向拉伸或压缩是________。

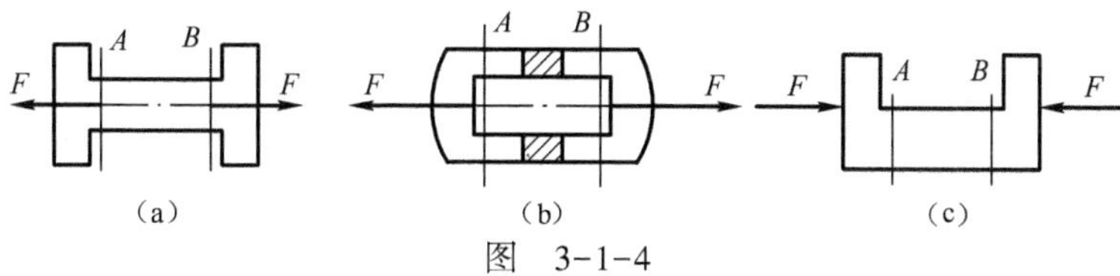

图　3-1-4

A. (a)

B. (b)

C. (c)

D. 都不是

6. 杆件在轴向力作用下产生的变形是________。

A. 弯曲

B. 挤压

C. 轴向伸长或缩短

D. 扭转

7. 两杆截面相同，材料不同，受相同的轴向力作用，则它的________。

A. 内力相等，应力不等，应变不等

B. 内力相等，应力相等，应变不等

C. 内力相等，应力相等，应变相等

D. 内力不等，应力不等，应变不等

8. 等截面直杆在两个外力的作用下产生压缩变形时，这对外力所具备的特点一定是等值的，并且________。

A. 反向，共线

B. 反向，过截面形心

C. 方向相反，作用线与杆轴线重合

D. 方向相反，沿同一直线作用

9. 轴向拉压变形时，与杆件线应变有关的因素是________。

A. 外力

B. 外力与截面积

C. 外力与材料

D. 外力、截面积和材料

10. 轴向拉（压）变形时，截面正应力的分布规律是________。

A. 线性分布

B. 均匀公布

C. 抛物线分布

D. 随机分布

四、简答题

1. 什么是截面法？用截面法求拉压杆的内力分几个步骤？

2. 杆件有哪些基本变形？

3. 杆件在怎样的受力情况下才会发生拉伸（压缩）变形？

第二节　拉伸与压缩时材料的力学性能

一、填空题

1. 低碳钢拉伸时的 $\sigma-\varepsilon$ 曲线可以依次分为______________、______________、______________和______________4个阶段。

2. 常用的衡量材料塑性指标的是______________和______________。

3. 通常把 $\delta>5\%$ 的材料称为______________材料，$\delta<5\%$ 的称为______________材料。

4. 在确定材料的许用应力时，脆性材料的极限应力是______________。

5. 材料经过冷作硬化，______________和______________都得到了提高，但______________下降。

6. 当试样受到载荷作用时，除发生弹性变形外还会产生部分塑性变形，应力不变或略有变化的情况下，试样继续发生明显的塑性变形的现象称为______________。对应的应力称为______________或______________，用 σ_s 表示 。

7. 低碳钢受到压缩时，在屈服阶段以后，试件压扁，压缩曲线______________，但不会断裂。

8. 在低碳钢的应力–应变曲线的强化阶段，最高点对应的应力是材料拉断前所承受的最大拉应力，称为______________，用 σ_b 表示 。

9. 在做灰铸铁的拉伸压缩实验时，从开始到试件拉断，应力和应变都很小，没有______________和______________。拉断时的最大应力 σ_{bt} 称为材料的______________。

10. 铸铁试样压缩时，其破坏断面的法线与轴线大约成______________的倾角。

二、判断题

1. 构件所受的外力与内力均可用截面法求得。(　　)
2. 在强度计算中，只要工作应力不超过许用应力，构件就是安全的。(　　)
3. $1\ \text{kN/mm}^2 = 1\ \text{MPa}$。(　　)
4. 应力表示杆件所受内力的强弱程度。(　　)
5. 许用应力是杆件安全工作时应力的最大值。(　　)
6. 屈服阶段中最低点的应力称为屈服极限。(　　)
7. 在强度计算时，将屈服极限作为塑性材料的许用应力。(　　)
8. 抗压性能好的脆性材料适用于做受压构件。(　　)
9. 脆性材料取屈服极限作为极限应力。(　　)
10. 铸铁拉伸和压缩时的断裂的断口形状相同。(　　)

三、单选题

1. 在确定材料的许用应力时，脆性材料的极限应力是________。

A. 屈服极限

B. 强度极限

C. 弹性极限

D. 比例极限

2. 等截面直杆在两个外力的作用下发生压缩变形时，这对外力所具备的特点一定是等值的，并且________。

A. 反向、共线

B. 反向，过截面形心

C. 方向相反，作用线与杆轴线重合

D. 方向相反，沿同一直线作用

3. 构件的许用应力［σ］是保证构件安全工作的________。

A. 最高工作应力

B. 最低工作应力

C. 平均工作应力

D. 最小工作应力

4. 如图 3-2-1 所示，有材料、横截面积相同但长度不同的两根直杆，承受相同的拉力 F，a、b 分别是两根直杆中间的一点，下面有关应力和应变的说法中正确的是________。

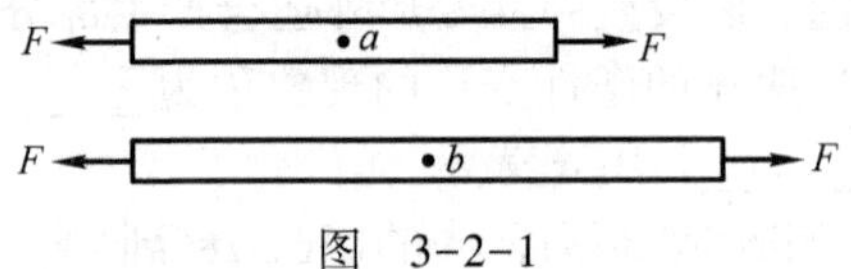

图 3-2-1

A. a、b 两点的应力相等，应变也相等

B. a、b 两点的应力不相等，应变也不相等

C. a、b 两点的应力不相等，应变相等

D. a、b 两点的应力相等，应变不相等

5. 在作低碳钢拉伸试验时，应力与应变成正比，该阶段属于________。

A. 弹性阶段

B. 屈服阶段

C. 强化阶段

D. 局部变形阶段

6. 工程规定，断后伸长率大于等于________的材料为塑性材料。

A. 5%　　B. 6%　　C. 10%　　D. 12%

7. 下列说法中正确的是________。

A. 试样单位长度的变形称为应变

B. 材料的比例极限和弹性极限一样

C. 在低碳钢的拉伸试验得知，屈服阶段在强化阶段之后

D. 当外力取消时不消失或不完全消失而残留下来的变形称为弹性变形

8. 现有低碳钢和铸铁两种材料，图 3-2-2 结构中使用最合理的是________。

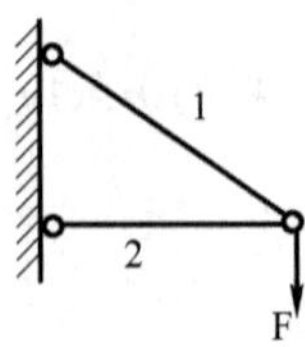

图 3-2-2

A. 1 杆用低碳钢，2 杆用铸铁

B. 2 杆用低碳钢，1 杆用铸铁

C. 1 和 2 杆都用铸铁制造

D. 1 和 2 杆都用低碳钢制造

9. 低碳钢在拉伸时，应力超过________后开始产生塑性变形。

A. 比例极限

B. 强化极限

C. 屈服极限

D. 强度极限

10. 衡量材料的强度指标是________。

A. 弹性极限与屈服极限

B. 屈服极限与强度极限

C. 弹性极限与强度极限

D. 比例极限与屈服极限

四、简答题

1. 简述低碳钢和铸铁在拉伸和压缩过程中的力学性质。

2. 何谓脆性材料及塑性材料？如何衡量材料的塑性？比较脆性材料及塑性材料的力学性质。

3. 观察机器的底座，广泛应用什么材料？为什么？

第三节 直杆轴向拉伸与压缩时的强度计算

一、填空题

1. 材料丧失正常工作能力时的应力称为______________应力。塑性材料的极限应力是其______________，脆性材料的极限应力是其______________。

2. 塑性材料一般取安全系数 S= ______________，脆性材料 S= ______________。

3. 杆件中最大工作应力______________材料在拉伸（压缩）时的许用应力。

4. 局部应力显著增大的现象称为______________。

5. 产生最大应力的截面称为______________。

6. 由于温度改变而引起的应力称为______________。工业生产中输送高压蒸气的管道要设置______________以避免其影响。

7. 为了保证构件安全可靠的工作，在工程设计时通常把______________应力作为构件实际工作应力的最大值。

8. 安全系数值大于 1 的目的是为了使工程构件具有足够的______________储备。

9. 正方形截面的低碳钢直拉杆，其轴向拉力为 3 600 N，若许用应力为 100 MPa，此拉杆横截面边长至少应为______________ mm。

10. 构件拉伸与压缩时的强度条件可解决三类强度计算问题：______________、______________、______________。

二、判断题

1. 许用应力是材料工作时允许的最大应力。(　　)

2. 安全系数 S 是一个小于 1 的数。(　　)

3. 等截面直杆的危险截面位于内力最大处，而变截面杆的危险截面必须综合内力和截面面积两方面来确定。(　　)

4. 为了确保轴向拉、压杆具有足够的强度，要求杆件最大工作应力小于材料在拉伸（压缩）时的许用应力。(　　)

5. 应力集中会降低脆性材料构件的承载力。(　　)

6. 塑性材料对应力集中比较敏感。(　　)

7. 当构件受到动载荷或交变载荷作用时，不论是塑性材料还是脆性材料，应力集中对构件的强度都有影响。(　　)

8. 由于温度改变而引起的应力称为温差应力或热应力。(　　)

9. 塑性材料具有缓和应力集中的性能。(　　)

10. 杆件的破坏往往从危险截面开始。(　　)

三、单选题

1. 变截面杆件的危险截面位于________。

A. 内力最大处

B. 内力最小处

C. 综合内力和截面面积两方面来确定

D. 各处相等

2. 运用强度条件不能解决以下哪种类型问题________。

A. 强度校核

B. 截面选择

C. 屈服点测定

D. 确定许用载荷

3. 下列说法正确的是________。

A. 应力集中会严重降低塑性材料的承载能力

B. 应力集中会严重降低塑性材料和脆性材料的承载能力

C. 应力集中对塑性材料构件的承载能力影响并不大

D. 应力集中对在周期性载荷作用下的构件的强度无影响

4. 安全系数的值________。

A. 大于 1

B. 小于 1

C. 等于 1

D. 任何值

5. 对于重要的构件和破坏后造成重大事故的构件，应取________的安全系数。

A. 较大

B. 较小

C. 与安全系数无关

D. 无所谓

6. 在工业生产中，输送高压蒸汽的管道或暖气管道，需要设置膨胀节，其目的是________。

A. 增大受热面积

B. 防止冻坏

C. 消除温差应力对构件变形的影响

D. 增大局部应力

7. 以下构件中，应力显著增大的是________。
   A. 直杆的中间部分
   B. 直杆的两端
   C. 构件上的孔、槽、轴肩的边缘
   D. 等截面直杆
8. 下列说法不正确的是________。
   A. 脆性材料的极限应力是其屈服极限
   B. 应力集中使零件破坏的危险性增加
   C. 铸造、锻造、焊接等生产中产生的温差应力可通过热处理消除
   D. 安全系数反映了强度储备的情况，是合理解决安全与经济矛盾的关键
9. 塑性材料的极限应力一般取________。
   A. 屈服极限值
   B. 强度极限值
   C. 比例极限值
   D. 弹性极限值
10. 许用应力是构件工作时的________。
   A. 允许的最大应力
   B. 允许的最小应力
   C. 工作时的极限应力
   D. 受到的实际应力

四、简答题

1. 极限应力和许用应力有什么不同？

2. 根据构件的强度条件，可以解决工程实际中的哪三方面的问题？

3. 什么是应力集中？怎样减少应力集中程度？

第四节　连接件的剪切与挤压

一、填空题

1. 剪切变形的受力特征是：作用在构件上的力大小____________，方向____________，作用线____________，且距离____________。

2. 剪切变形的特点是：介于两横向外力之间的各截面沿外力作用方向发生____________。

3. 在接触面上传递____________而产生____________变形的现象称为挤压变形。

4. 平行于截面的应力称为____________应力。

5. 如果相互挤压的物体材料不同，则只需按材料较____________的物体计算挤压强度。

6. 剪切变形在横截面内产生的内力称为____________。

7. 当挤压面是平面时，挤压面积按____________面积计算；当挤压面积是半圆柱面时，取____________面积计算挤压面。

8. 挤压面上单位面积所受到的挤压力，称为____________。

9. 用剪子剪短钢丝时，钢丝发生剪切变形的同时还会发生____________变形。

10. 剪切的实用计算时，假设了剪应力在剪切面上是____________分布的。

二、判断题

1. 剪切面一般与外力方向平行，挤压面一般与外力方向垂直。(　　)

2. 当挤压面为半圆柱面时，其计算挤压面积按该面的正投影面积计算。(　　)

3. 当挤压面是平面时，挤压面积就按实际面积计算。(　　)

4. 剪切变形与挤压变形同时存在，同时消失。(　　)

5. 切应力与拉压应力都是内力除以面积，所以切应力与拉应力一样，实际上也是均匀分布的。(　　)

6. 杆件发生剪切变形时，作用在杆件上的力是一对平衡力。(　　)

7. 挤压变形和轴向压缩变形是不一样的。(　　)

8. 剪切面通常与外力作用线平行。(　　)

9. 剪应力在剪切面上是均匀分布的。(　　)

10. 用铆钉连接两块钢板时，采用相同的铆钉不同的排列方式，各铆钉及钢板的承载力是相同的。(　　)

三、单选题

1. 挤压变形为构件________变形。

A. 轴向压缩

B. 局部互压

C. 全表面

D. 弯曲

2. 如图 3-4-1 所示的铆接件，钢板的厚度为 t，铆钉的直径为 d，铆钉的切应力和挤压应力为________。

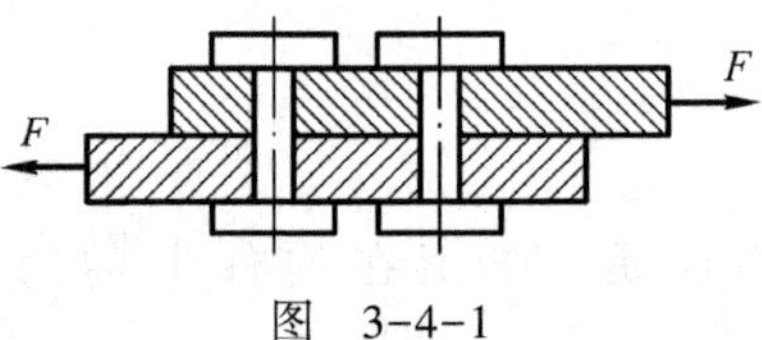

图　3-4-1

A. $\tau=2F/(\pi d^2)$　　$\sigma_J=F/(2dt)$

B. $\tau=2F/(\pi d^2)$　　$\sigma_J=F/(dt)$

C. $\tau=4F/(\pi d^2)$　　$\sigma_J=F/(dt)$

D. $\tau=4F/(\pi d^2)$　　$\sigma_J=2F/(dt)$

3. 在图 3-4-2 所示结构中，拉杆的剪切面形状是________，面积是________。

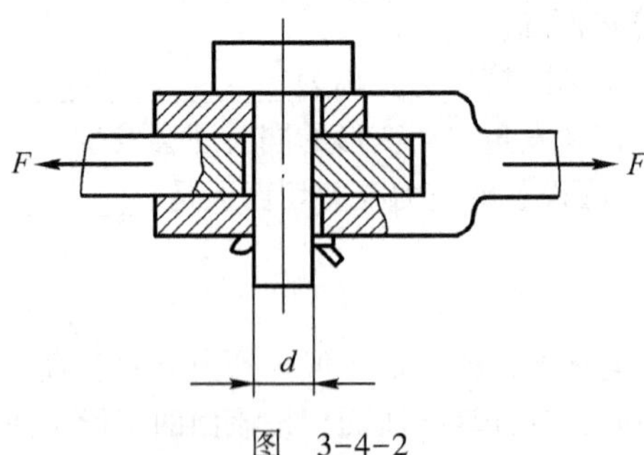

图　3-4-2

A. 圆

B. 矩形

C. 外方内圆

D. 圆柱面

4. 校核图 3-4-3 所示结构中铆钉的剪切强度，剪切面积是________。

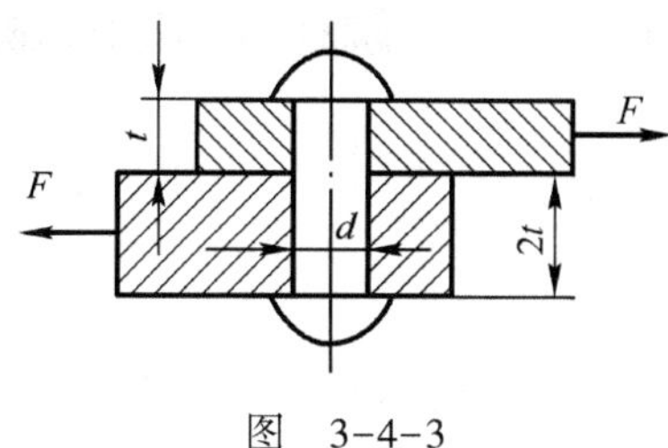

图 3-4-3

A. $\pi d^2/4$

B. dt

C. $2\ dt$

D. πd^2

5. 如图 3-4-4 所示，一个剪切面的内应力为________。

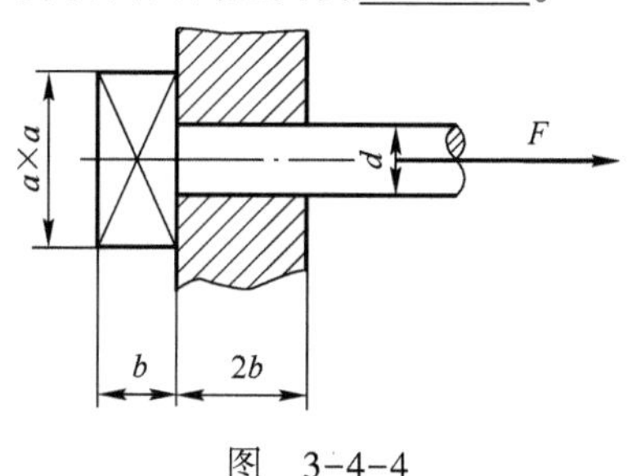

图 3-4-4

A. F

B. $2F$

C. $F/2$

D. $F/4$

6. 下列情况中，计算挤压面积与实际挤压面积相等的是________。

A. 圆柱面

B. 曲面

C. 平面

D. 都不对

7. 在构件的连接件上通常存在两种破坏形式，即________。

A. 剪切和挤压

B. 拉伸和压缩

C. 剪切和弯曲

D. 拉伸和弯曲

8. 以下零件在工作时不受剪力挤压力的是________。

A. 螺栓

B. 键

C. 轴

D. 铆钉

9. 如果互相挤压的材料不同，________的材料更容易挤压破坏。

A. 强度低

B. 强度高

C. 塑性高

D. 塑性低

10. 为了使机器中关键零件产生超载时不致损坏，把机器中某个________设计成机器中最薄弱的环节，机器超载时这个零件先行破坏，从而保护了机器中其他零件。

A. 重要零件

B. 次要零件

C. 轴类零件

D. 箱体类零件

四、简答题

1. 为什么在螺栓连接中螺母下要放置垫片？

2. 剪切的受力特点是什么？变形特点是什么？

第五节　圆轴的扭转

一、填空题

1. 圆轴扭转的受力特点是在大小相等、方向相反、作用面垂直于轴线的＿＿＿＿＿＿＿作用下，截面之间绕轴线发生相对＿＿＿＿＿＿＿。

2. 圆周扭转时，横截面上只有＿＿＿＿＿＿＿应力，而没有＿＿＿＿＿＿＿应力。

3. 圆轴扭转时，圆心处的应力＿＿＿＿＿＿＿，圆周上的切应力＿＿＿＿＿＿＿，切应力的方向与该点的半径＿＿＿＿＿＿＿，切应力沿截面半径成＿＿＿＿＿＿＿规律分布。

4. 圆周扭转时，横截面上产生的内力偶矩称为＿＿＿＿＿＿＿。

5. 圆轴扭转时，任意两个横截面间的相对转角称为＿＿＿＿＿＿＿。

6. 机床的主轴，汽车、船舶、飞机中的轴类零件大多采用＿＿＿＿＿＿＿轴，这是由于这样可以有效发挥材料的性能，节省材料，减轻自重，提高承载能力。

7. 在受扭转圆轴的横截面上，其扭矩的大小等于该截面一侧轴段上所有外力偶矩的＿＿＿＿＿＿＿。

8. 圆轴扭转时，在横截面上距圆心等距离的各点，其切应力必然＿＿＿＿＿＿＿。

9. 产生扭转变形的一实心轴和空心轴的材料相同，当两者的扭转强度一样时，它们的＿＿＿＿＿＿＿截面系数应相等。

10. 产生扭转变形的实心圆轴，若使直径增加一倍，而其他条件不改变，则扭转角变为原来的＿＿＿＿＿＿＿。

二、判断题

1. 当材料和横截面积相同时，与实心圆轴相比，空心圆轴的承载能力要大些。(　　)

2. 圆轴扭转时，横截面上的内力是扭矩。(　　)

3. 承受扭转作用的圆轴，其扭矩最大处就是切应力最大处。(　　)

4. 对于承受扭转作用的等截面圆轴而言，扭转最大的截面就是危险面。(　　)

5. 圆轴扭转时，横截面上有正应力也有切应力，它们的大小均与截面直径成正比。(　　)

6. 承受扭转的圆截面杆，其横截面上的剪应力圆心处最大，圆周处为零，(　　)

7. 实心圆轴扭转时，横截面上各点剪应力对截面圆心的力矩之和即为扭矩。(　　)

8. 空心圆轴扭转时，横截面上剪应力分布规律与实心圆轴相似。(　　)

9. 两根材料、横截面完全一致但长度不等的圆轴，受到相同的扭矩 T 作用时，其扭转角相同。(　　)

10. 受扭空心圆轴横截面上的剪应力沿半径呈线性分布。(　　)

三、单选题

1. 下列结论中正确的是＿＿＿＿＿。

A. 圆轴扭转时，横截面上有正应力，其大小与截面直径无关

B. 圆轴扭转时，横截面上有正应力，也有切应力，其大小均与截面直径无关

C. 圆轴扭转时，横截面上只有切应力，其大小与到圆心的距离成正比

D. 圆轴扭转时，横截面上有正应力，也有切应力，其大小与到圆心的距离成反比

2. 图 3-5-1 所示为一传动轴上的齿轮的布置方案，其中对提高传动轴扭转强度有利的是________。

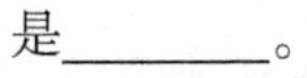

A.（a）

B.（b）

C. 一样

D. 不能比较

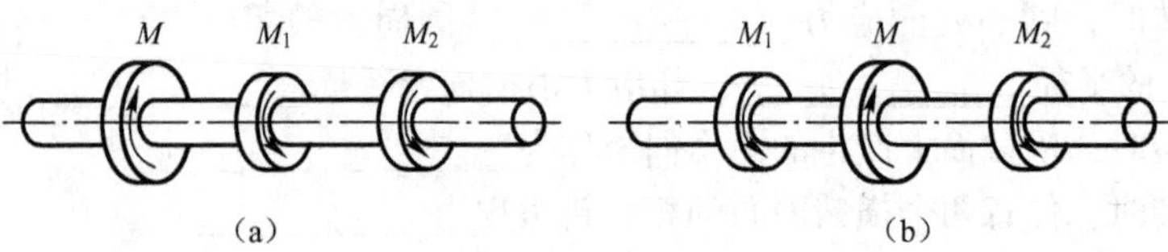

图 3-5-1

3. 当圆轴的两端受到一对等值、反向且作用面垂直于圆轴轴线的力偶作用时，圆轴将发生________。

A. 扭转变形

B. 弯曲变形

C. 拉压变形

D. 剪切变形

4. 空心圆轴扭转时，横截面上的最小切应力________。

A. 一定为零

B. 一定不为零

C. 可能为零，也可能不为零

D. 由具体情况决定

5. 在图 3-5-2 所示的图形中，只发生扭转变形的轴是________。

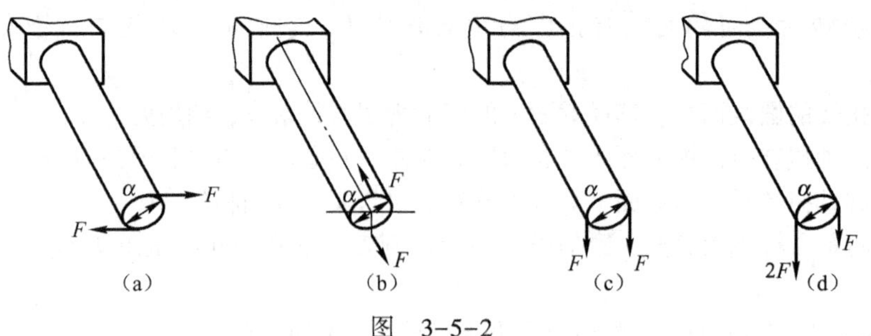

图 3-5-2

A.（a）

B.（b）

C.（c）

D. （d）

6. 下列实例中属于扭转变形的是________。

A. 起重吊钩

B. 钻孔的钻头

C. 火车车轴

D. 起重机的横梁

7. 当受扭圆轴的直径 d 减小一半、其他条件不变时，轴的最大剪应力________。

A. 减小为原来的 1/2

B. 增大为原来的 4 倍

C. 增大为原来的 8 倍

D. 减小为原来的 1/16

8. 下列说法合理的是________。

A. 圆轴扭转时，横截面上圆周处的剪应力最大

B. 圆轴扭转时，横截面上的正应力不一定为零

C. 空心圆轴扭转时，圆轴内壁上剪应力为零

D. 空心圆轴扭转时，圆轴内壁上剪应力最大

9. 图 3-5-3 中应力分布图正确的是________。

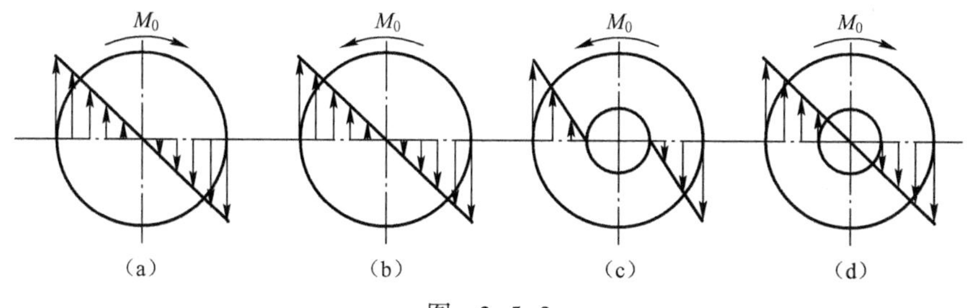

图　3-5-3

A. 图（a）、（d）

B. 图（b）、（c）

C. 图（a）、（d）

D. 图（b）、（d）

10. 在工程中提高抗扭能力应采取的措施不包括________。

A. 选用合理的截面

B. 合理改善受力情况

C. 降低最大扭矩

D. 增大轴向力

四、简答题

1. 工程中提高抗扭能力应采取哪些措施？

2. 简述圆轴扭转时横截面上剪应力分布的规律。

3. 在做圆轴扭转实验时，在圆轴表面画出一组等距的圆周线和平行于轴线的纵向线，对其施加扭转作用后，产生哪些变形现象？依据变形现象得出哪些结论？

第六节　直梁弯曲及组合变形

一、填空题

1. 弯曲变形的受力特点是外力______________于杆的轴线，变形特点是轴线由直线变为______________。

2. 梁分为______________、______________、______________三种形式。

3. 梁各横截面的剪力为零，弯矩为常数的弯曲变形称为______________。

4. 梁在弯曲时，在受拉区和受压区之间存在一层既不伸长也不缩短的纵向层，称为______________。

5. 构件同时发生两种或两种以上的基本变形称为______________。

6. 梁弯曲时，在截面上产生的平行于截面的内力称为______________，在通过梁轴线的纵向对称平面内的内力偶矩称为______________。

7. 梁在发生弯曲变形时，横截面绕______________转动。

8. 为提高抗弯能力，工程上常将梁的截面设计成材料______________中性层的形状。

9. 龙门吊车的横梁、储罐等，均可简化为均布载荷作用下的梁，都可将支座从两端各向里移动一段距离，目的是______________。

10. 工程中为了减轻自重和节省材料，常根据弯矩沿梁轴线的变化情况，制成变截面梁，使所有横截面上的最大正应力都接近许用应力，即______________梁。

二、判断题

1. 构件受弯、拉伸组合作用时，横截面上只有正应力，可将弯曲正应力和拉伸正应力叠加。(　　)

2. 增加支座可有效减少梁的变形。(　　)

3. 一端（或两端）向支座外伸出的简支梁称为外伸梁。(　　)

4. 梁弯曲时，横截面上的弯矩是正应力合成的结果，剪力则是切应力合成的结果。(　　)

5. 由于弯矩是垂直于横截面的内力的合力偶矩，所以弯矩必然在横截面上形成正应力。(　　)

6. 梁弯曲时，抗弯截面系数越大，抗弯曲能力越强。(　　)

7. 梁弯曲时，横截面的中性轴必过截面形心。(　　)

8. 增大梁的抗弯截面系数，可以提高梁的弯曲强度。(　　)

9. 梁各横截面的剪力为零、弯矩为常数时的弯曲变形，称为纯弯曲。(　　)

10. 增大梁的抗弯截面系数，可以提高梁的弯曲强度。(　　)

三、单选题

1. 矩形截面梁受弯曲变形，如果梁横截面的高度增加一倍，则梁内的最大正应力为原来的________。

A. 1/2

B. 1/4

C. 1/8

D. 不变

2. 两端为球铰的压杆，当其横截面为图 3-6-1 所示的工字形时，试判断失稳时横截面将绕________轴转动。

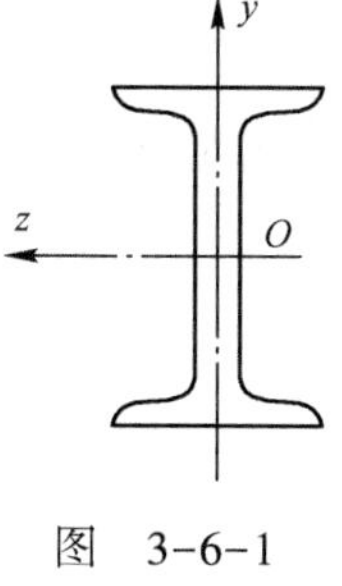

图　3-6-1

A. z 轴

B. y 轴

C. 横截面内其他某一轴

D. 不能确定

3. 图 3-6-2 表示横截面上的应力分布图，其中属于直梁弯曲的是图________。

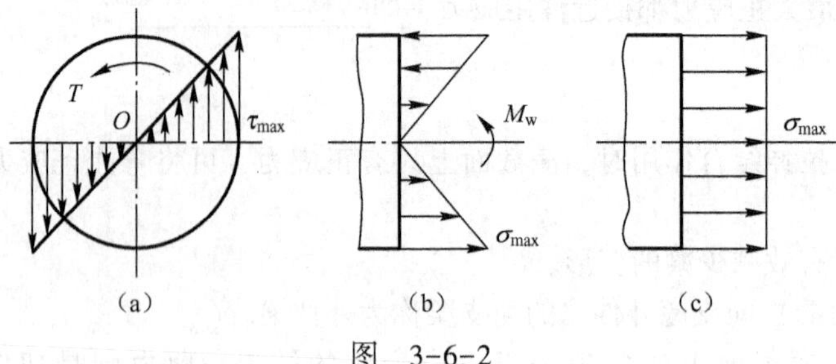

图 3-6-2

A. (a)

B. (b)

C. (c)

D. 都不是

4. 梁受力如图 3-6-3 所示，对其各段的弯矩符号判断正确的是________。

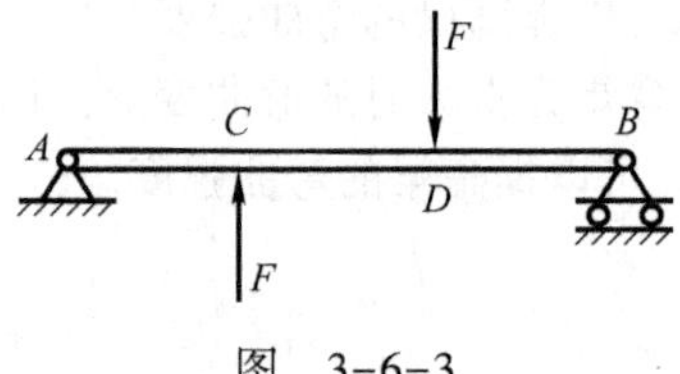

图 3-6-3

A. *AC* 段"+"；*CD* 段"−"；*DB* 段"+"

B. *AC* 段"−"；*CD* 段"−"；*DB* 段"+"

C. *AC* 段"+"；*CD* 段"−"；*DB* 段"+"

D. *AC* 段"−"；*CD* 段"+"；*DB* 段"−"

5. 在梁的弯曲过程中，梁的中性层________。

A. 不变形

B. 长度不变

C. 长度伸长

D. 长度缩短

6. 考虑正应力强度时，圆形、矩形、工字形截面梁的形状合理性的排列顺序是________。

A. 圆形 矩形 工字形

B. 圆形 工字形 矩形

C. 工字形 圆形 矩形

D. 工字形 矩形 圆形

7. 关于梁横截面上正应力的分布规律，下列说法中正确的是________。

A. 中性轴上正应力最大，边缘处为零

B. 正应力沿截面高度呈抛物线规律分布

C. 距中性轴距离相等的各点正应力不一定相等

D. 正应力沿截面高度呈线性规律分布

8. 在梁的弯曲过程中，距横截面的中性轴最远处________。

A. 正应力达到最大值

B. 弯矩值达到最大值

C. 正应力达到最小值

D. 弯矩值达到最小值

9. 中性轴是梁的________的交线。

A. 纵向对称面与横截面

B. 纵向对称面与中性层

C. 横截面与中性层

D. 横截面与顶面或底面

10. 以下不能提高梁的抗弯能力的措施是________。

A. 将梁的支座从里向外移动一段距离

B. 选用合理的截面形状

C. 制成变截面梁

D. 提高梁的抗弯刚度

四、简答题

1. 说明提高梁抗弯能力都有哪些措施。

2. 从梁的抗弯能力分析，矩形截面的梁竖直放置的承载能力是扁平放置承载能力的几倍？

3. 为什么空心圆截面比实心圆截面的抗扭性能好？

4. 钢梁的截面为什么常做成工字形？

第七节　压杆稳定、交变应力与疲劳强度

一、填空题

1. 不能保持压杆原有直线平衡状态而突然变弯的现象称为______________。

2. 随时间发生周期性变化的应力称为______________。

3. 金属材料在无限次交变应力作用下而不发生断裂的最大应力值，称为______________。

4. 金属材料在交变应力作用下，零件内部的最大应力虽低于静载荷下的强度极限，但经过无数次的应力循环后，发生突然的脆性断裂现象称为材料的______________。

5. 偏心拉（压）杆实际是______________变形和______________变形的组合。

二、判断题

1. 细长杆的长度越大，抵抗弯曲变形的能力越小。(　　)

2. 不随时间发生变化的应力称为静应力。(　　)

3. 金属零件突然发生脆性断裂，一定是零件内部的最大应力高于静载荷下的强度极限。(　　)

4. 金属材料的屈服度越高，其疲劳强度可能越低。(   )
5. 稳定性是零件保持原有平衡状态的能力。(   )

三、简答题

1. 影响直杆稳定性的因素有哪些？

2. 什么是零件的疲劳破坏？疲劳破坏的特点有哪些？

3. 影响零件疲劳强度的因素主要有哪些？

基本内容

金属材料的性能；钢的热处理；黑色金属材料、有色金属材料和非金属材料的特点。

学习要求

了解常用工程材料的类别；说出常用工程材料的机械性能、物理性能和工艺性能，解释选材的一般原则；概述常用金属材料及热处理；说出常用非金属材料及其特点。

第一节　金属材料的性能

一、填空题

1. 金属材料的性能包括______________和______________。

2. 金属材料在化学作用下所表现出来的性能称为______________。

3. 金属材料抵抗冲击载荷的能力称为______________。

4. 金属材料的力学性能是指金属材料在______________作用下所表现出来的性能。

5. 金属材料在无限多次交变载荷作用下不破坏的最大应力称为______________，或称为疲劳极限。

6. 金属材料的______________是指在各种加工条件下所表现出来的适应性能，包括铸造性能、锻造性能、焊接性能等。

7. 金属分为______________和______________两大类。

8. 金属的力学性能包括______________、______________、______________、______________和______________。

9. 耐腐蚀性、抗氧化性属于金属材料的______________性能。

10. 铸铁的 A_k 值很______________，所以不能用来制造承受冲击载荷的零件。

11. 硬度试验方法可分为______________和______________。在生产上最常用的是______________硬度试验，即______________、______________和______________。

12. 布氏硬度（HB）用于测定______________、______________、______________等原

材料，以及结构钢调质件的硬度；洛氏硬度（HRA、HRB、HRC）可测定______________的硬度，也可测定______________或______________的硬度；维氏硬度（HV）用于测定______________和______________的硬度。

二、判断题

1. 在工程上，在一定的应力循环次数下不发生断裂的最大应力称为疲劳强度。(　　)

2. 金属的使用性能包括力学性能、物理性能和铸造性能。(　　)

3. 金属的工艺性能有铸造性能、锻压性能、焊接性能、热处理工艺性能、切削加工性能等。(　　)

4. 布氏硬度、洛氏硬度的单位都是 N/mm^2，但习惯上只写数值而不标单位。(　　)

5. 衡量金属疲劳的判据是疲劳强度。(　　)

6. 冲击韧性用冲击功 A_k 表示，单位为 J。(　　)

7. 疲劳强度是指金属材料在无限多次交变载荷作用下而不破坏的最大应力。(　　)

8. 冲击功 A_k 的值低的材料称为塑性材料。(　　)

9. 铸铁的 A_k 值很高，不能用来制造承受冲击载荷的零件。(　　)

10. 齿轮、连杆等零件，工作时受到很大的冲击载荷，因此要用 A_k 值高的材料制造。(　　)

三、单选题

1. 在金属材料强度的主要判据中，σ_S 称为________。

A. 抗拉强度

B. 抗弯强度

C. 屈服点

D. 弹性极限

2. 金属抵抗永久变形（塑性变形）和断裂的能力称为________。

A. 强度

B. 塑性

C. 硬度

D. 疲劳强度

3. 刨刀应采用________硬度试验法测定硬度。

A. HBS

B. HRC

C. HRA

D. HV

4. 金属的________越好，则它的锻造性能就越好。

A. 强度

B. 塑性

C. 硬度

D. 韧性

5. 一般工程图样上常标注材料的________，作为零件检验和验收的主要依据。

A. 强度

B. 硬度

C. 塑性

D. 冲击功

6. 金属材料的力学性能不包括________。

A. 强度

B. 刚度

C. 冲击韧性

D. 密度

7. 金属材料在外力作用下所表现出来的性能称为________。

A. 力学性能

B. 物理性能

C. 化学性能

D. 工艺性能

8. 金属材料抵抗冲击载荷的能力称为冲击韧性，用 A_k 表示，A_k 值越大，则材料的________就越好。

A. 脆性

B. 韧性

C. 塑性

D. 硬度

9. 疲劳强度是指金属材料在无限多次________作用下而不被破坏的最大应力 。

A. 静载荷

B. 动载荷

C. 交变载荷

D. 冲击载荷

10. 在外力作用下，材料不能恢复的变形称为________。

A. 塑性变形

B. 弹性变形

C. 刚性变形

D. 脆性变形

四、简答题

金属材料的性能都指哪些性能？

第二节　黑色金属材料

一、填空题

1. 钢按用途分为＿＿＿＿＿＿、＿＿＿＿＿＿和＿＿＿＿＿＿。

2. 金属分为＿＿＿＿＿＿金属和＿＿＿＿＿＿金属两大类。

3. 碳钢的编号：碳素结构钢采用拼音字母＿＿＿＿＿＿和数字表示其＿＿＿＿＿＿；优质碳素结构钢用两位数字表示钢中＿＿＿＿＿＿，如45钢；碳素工具钢用＿＿＿＿＿＿表示；铸造碳钢用＿＿＿＿＿＿表示。

4. 合金钢的编号：低合金高强度结构钢由字母＿＿＿＿＿＿表示；合金结构钢如40Cr表示平均碳的质量分数 W_c =＿＿＿＿＿＿%，平均铬的质量分数 $W_{cr}<1.5\%$；滚动轴承在牌号前加＿＿＿＿＿＿。

5. 铸铁主要有＿＿＿＿＿＿、＿＿＿＿＿＿、＿＿＿＿＿＿。

6. 普通质量的结构钢主要用于＿＿＿＿＿＿和＿＿＿＿＿＿方面。

7. T12A按用途分属于＿＿＿＿＿＿钢，按含碳量分属于＿＿＿＿＿＿钢，按质量分属于＿＿＿＿＿＿钢。

8. 60Si2Mn是＿＿＿＿＿＿钢，它的平均含碳量为＿＿＿＿＿＿；含硅量约为＿＿＿＿＿＿；含锰量＿＿＿＿＿＿。

9. 要求零件的表面具有＿＿＿＿＿＿、＿＿＿＿＿＿，而心部有＿＿＿＿＿＿，可采用合金渗碳钢。

10. 碳素钢是含碳量小于＿＿＿＿＿＿而不含有特意加入合金元素的铁碳合金。它还含有少量的杂质，其中＿＿＿＿＿＿、＿＿＿＿＿＿是炼钢时由＿＿＿＿＿＿进入钢中，是炼钢时难以除尽的有＿＿＿＿＿＿杂质；＿＿＿＿＿＿、＿＿＿＿＿＿在炼钢加入＿＿＿＿＿＿时带入钢中的，是有＿＿＿＿＿＿元素。钢中的硫有＿＿＿＿＿＿，磷有＿＿＿＿＿＿。

二、判断题

1. 5CrMnMo是热作模具钢，它的最终热处理方法是淬火、高温（或中温）回火。（　　）

2. 高速工具钢不仅硬度高、耐磨性好，而且温度达到600 ℃左右时，硬度值仍无明显下降。（　　）

3. 1Cr18Ni9是 $W_c=1.0\%$、$W_{cr}=18\%$、$W_{Ni}=9\%$ 的奥氏体型不锈钢。（　　）

4. 合金调质钢主要用作重要的齿轮、轴、曲轴、连杆等。（　　）

5. 20CrMnTi是合金渗碳钢，它的最终热处理方法是渗碳、淬火、低温回火。（　　）

6. 合金钢的强度高于相同含量的碳素钢。（　　）

7. 钢中存在硅、锰、硫、磷等杂质元素，它们都是有害元素。（　　）

8. 球墨铸铁有较好的力学性能，可替代钢生产一些零件，如曲轴、连杆等。（　　）

9. 合金结构钢按用途分为低合金结构钢和机械制造用钢两大类。（　　）

10. 优质结构钢、高级优质结构钢主要用于制造各类机械零件。（　　）

11. 20Mn 表示平均含碳量为 2.0% 的较高含锰量钢。(　　)

12. 灰铸铁中的碳主要以片状石墨的形态存在，断口呈暗灰色。(　　)

13. 碳素结构钢不适合作形状复杂的刃具。(　　)

14. 铬不锈钢主要用于制造在强腐蚀介质中工作的设备。(　　)

15. 灰铸铁的抗拉强度、塑性和韧性比钢低得多，但抗压强度与钢相当。(　　)

三、单选题

1. 灰铸铁、可锻铸铁、球墨铸铁、蠕墨铸铁中，力学性能最好的是________。
   A. 球墨铸铁
   B. 蠕墨铸铁
   C. 灰铸铁
   D. 可锻铸铁

2. 下列合金牌号中，合金弹簧钢是________。
   A. 60Si2MnA
   B. ZGMn13
   C. Cr12MoV
   D. 3Cr13

3. 沙发中的弹簧选用________。
   A. 60Si2Mn
   B. 60 钢
   C. 50CrVA
   D. GCr15

4. 下列铸铁中，车床床身选用________制造。
   A. 灰铸铁
   B. 球墨铸铁
   C. 可锻铸铁
   D. 耐热铸铁

5. 下列铸铁中，手轮选用________制造。
   A. 灰铸铁
   B. 球墨铸铁
   C. 可锻铸铁
   D. 特殊性能铸铁

6. 普通钢、优质钢、高级优质钢分类的依据是________。
   A. 合金元素含量的高低
   B. 含碳量的高低
   C. S、P 含量的高低
   D. Si、Mn 含量的高低

7. T8 钢的碳的质量分数为________。
   A. 0.08%
   B. 0.8%

C. 8%

D. 0.008%

8. 下列钢中________是铸造用钢。

A. 40Cr

B. ZG40Cr

C. GCr15

D. Q345

9. 生产承受重载荷轴类零件的毛坯，要采用________。

A. 铸铁毛坯

B. 铸钢毛坯

C. 锻造毛坯

D. 可锻铸铁毛坯

10. 生产机床主轴选择下列________钢。

A. 20CrMnTi

B. 40Cr

C. 60Si2Mn

D. GCr15

11. 硫在碳素钢中易使钢发生________。

A. 冷脆

B. 蓝脆

C. 氢脆

D. 热脆

12. 螺母宜用________制造。

A. Q235A

B. 08 钢

C. 60Mn 钢

D. T8

13. 在下列钢中，塑性最好的是________。

A. 20 钢

B. 45 钢

C. 65Mn 钢

D. T10

14. 在下列钢中，硬度最高的是________。

A. 20 钢

B. 45 钢

C. 65Mn 钢

D. T10

15. 在下列材料中，用来制造齿轮类零件的是________。

A. 08 钢

B. 45 钢

C. 65Mn 钢

D. T10

16. 选择下列零件的材料：

机床床身________；汽车后桥外壳________；柴油机曲轴________

A. HT200

B. KTH350-10

C. QT450-10

17. 制造齿轮、主轴宜选用________，制造丝锥、铣刀宜选用________。

A. 合金工具钢

B. 不锈钢

C. 合金调质钢

18. 制造切削速度较高、负载较重、形状复杂的刃具用________钢。

A. 碳素工具钢

B. 低合金工具钢

C. 高速钢

D. 合金渗碳钢

19. 生产储酸罐选择下列材料中的________。

A. W18Gr4V

B. 1Gr18Ni9

C. Gr12

D. QT400

20. 机械零件需要强度、塑性和韧性都较好的材料，应选用________。

A. 高碳钢

B. 低碳钢

C. 中碳钢

D. 工具钢

四、简答题

1. 普通碳素结构钢与普通低合金结构钢都用于制造工程结构，两者性能有什么区别?

2. 说明下列钢的含碳质量分数及合金元素的含量。

45 钢；GCr15；T12；60Si2Mn；3Cr13。

3. 灰铸铁有哪些特点？

4. QT400-18 表示哪种金属材料？它的含义是什么？

第三节　铁碳合金状态图分析

一、填空题

1. 铁碳合金状态图又称______________或______________。

2. 随着钢中碳的质量分数的增加，钢的强度和硬度不断______________，塑性、韧性不断______________。

3. 铸造时确定合金的浇注温度一般在液相线以上______________。

4. 锻造时常用碳的质量分数在______________以下的钢材。

5. 由铁碳合金状态图可以看出，热处理的方法不同，其温度应______________。

6. 铁碳合金状态图表示平衡状态下______________的铁碳合金，在______________时所具有的状态或组织的图形。

7. 由于碳的质量分数过高时铁碳合金脆性很大，没有实用价值，所以目前应用的铁碳合金状态图，其碳的质量分数在范围______________内。

8. 由配套教材图 4-8 简化的铁碳合金状态图可知，ACD 线是______________，AECF 线是______________，ECF 水平线是______________。

9. 建筑结构和各种型钢应选用______________碳钢。各种工具、量具应选用碳的质量分数在____________的钢材。

10. 铁碳合金室温时的基本组织有____________、____________、____________、珠光体和莱氏体。

二、判断题

1. 钢的退火、正火、淬火加热温度都依 $Fe-Fe_3C$ 状态图而确定。(　　)

2. 钢的铸造性比铸铁好，故常用来铸造形状复杂的工件。(　　)

3. 钢的含碳量越高，其强度、硬度越高，塑性、韧性越好。(　　)

4. 两种或两种以上的元素化合成的物质称为合金。(　　)

5. 机械零件需要强度、塑性及韧性较好的材料，应选用碳的质量分数高（W_c = 0.70% ～ 1.2%）的钢材。(　　)

6. 建筑结构和各种型钢需要塑性、韧性好的材料，应选用碳的质量分数较低的钢材。(　　)

7. 各种工具要用硬度高和耐磨性好的材料，应选用碳的质量分数小于 0.25% 的钢材。(　　)

8. 铁碳合金状态图又称铁碳合金相图或铁碳合金平衡图。(　　)

9. 工业上应用的碳钢，其 W_c 一般不大于 1.4%。(　　)

10. 确定合金的浇注温度一般在液相线以上 50 ～ 100 ℃。(　　)

三、单选题

1. 钳工用锉刀一般用 W_c________的钢制造。

A. <0.25%

B. 0.60% ～ 0.70%

C. 0.70% ～ 1.20%

D. >1.20%

2. 钢与铸铁分界点，碳的质量分数是________。

A. 0.77%

B. 2.11%

C. 4.3%

D. 0.60%

3. 使用中承受冲击载荷和要求较高强度的各种机械零件，需用________。

A. 碳的质量分数低的钢

B. 碳的质量分数高的钢

C. 碳的质量分数中等的钢

D. 与碳的质量分数无关

4. 确定合金的浇注温度在液相线________。

A. 以上 50 ～ 100 ℃

B. 以下 50 ～ 100 ℃

C. 以上 150 ～ 200 ℃

D. 以下 150 ～ 200 ℃

5. 要求高硬度和耐磨性的工具，应选用________的钢。

A. 低碳成分

B. 高碳成分

C. 中碳成分

D. 无碳成分

6. 金属材料的组织不同，其性能________。

A. 相同

B. 不同

C. 难以确定

D. 与组织无关系

7. 液态合金在平衡状态下冷却时结晶终止的温度线称为________。

A. 液相线

B. 固相线

C. 共晶线

D. 共析线

8. 共晶转变的产物是________。

A. 奥氏体

B. 渗碳体

C. 珠光体

D. 莱氏体

9. 珠光体是________。

A. 铁素体与渗碳体的层片状混合物

B. 铁素体与奥氏体的层片状混合物

C. 奥氏体与渗碳体的层片状混合物

D. 铁素体与莱氏体的层片状混合物

10. 发生共晶转变的含碳量的范围是________。

A. 0.77%~4.3%

B. 2.11%~4.3%

C. 2.11%~6.69%

D. 4.3%~6.69%

四、简答题

由铁碳合金状态图可得出哪些具体的应用？

第四节　钢的热处理

一、填空题

1. 钢的热处理是指采用适当方式将钢或钢制工件进行______、______和______，以获得预期的组织结构与性能的工艺。

2. 工业生产中常用的热处理工艺大致可分为______、______和______。

3. 降低钢的硬度，改善切削加工性能常用的热处理有______和______，若是高碳钢或高合金钢要采用______处理。

4. 钢的表面淬火的加热方式有______加热和______加热，其中______加热表面淬火质量稳定，适合大批量生产。

5. 淬火与高温回火相结合的处理称为______，处理后钢的性能特点是有良好的______，适合______和______类零件的热处理。

6. 钢的低温回火的温度是______。

7. 钢的淬火是将钢加热到适当温度，保持一段时间，然后______的热处理工艺。

8. 正火与退火相比，钢在正火后的强度、硬度______退火。

9. 根据渗碳介质的状态不同，可分为______、______和______，而以气体渗碳应用最为广泛。

10. 渗______可提高钢表面的硬度和耐磨性，渗______可使钢件表面特别硬，显著提高耐热和抗氧化性。

二、判断题

1. 淬火后的钢一般需要及时回火。(　　)

2. 碳钢按碳的质量分数不同，分为低碳钢、中碳钢和高碳钢三类，低碳钢是 $W_c \leqslant 0.25\%$ 的钢。(　　)

3. 正火与退火的主要差别是，前者冷却速度较快，得到组织晶粒较细，强度和硬度也较高。(　　)

4. 正火可以提高钢的硬度和耐磨性。(　　)

5. 钢件通过加热的处理简称热处理。(　　)

6. 化学热处理改变了工件表层的化学成分和组织。(　　)

7. 常用的表面热处理方法有表面淬火和化学热处理两种。(　　)

8. 正火与退火相比，钢在正火后的强度、硬度高于退火，而且操作简便，生产周期短，成本低，在可能的条件下宜用正火代替退火。(　　)

9. 弹簧类零件使用的热处理是淬火加中温回火。(　　)

10. 钢热处理的目的是提高工件的强度和硬度。(　　)

三、单选题

1. 下列热处理方法中，属于表面热处理的有________。

   A. 局部淬火

   B. 工频感应淬火

   C. 渗氮

   D. 渗碳

2. 用高碳钢和某些合金钢锻制坯件，加工时发现硬度过高，为容易加工，可进行________处理。

   A. 退火

   B. 正火

   C. 淬火

   D. 淬火和低温回火

3. 下列材料中，用作渗碳的应选用________。

   A. 低碳合金钢

   B. 高碳钢

   C. 高碳合金钢

   D. 中碳钢

4. T10 钢制手工锯条采用________处理，可满足使用要求。

   A. 淬火、高温回火

   B. 正火

   C. 淬火、低温回火

   D. 完全退火

5. 下列名称中正确的退火种类是________。

   A. 低温退火

   B. 中温退火

   C. 高温退火

   D. 等温退火

6. 降低工件的硬度，改善切削加工性能采用的热处理是________。

   A. 退火或正火

   B. 淬火

   C. 表面淬火

   D. 回火

7. 要求高硬度、耐磨的零件，淬火后要进行________回火。

   A. 低温

   B. 中温

   C. 高温

   D. 等温

8. 生产中把淬火和高温回火相结合的热处理称为________处理。

   A. 调质

B. 退火

C. 正火

D. 回火

9. 工件表面淬火后要进行________回火。

A. 低温

B. 中温

C. 高温

D. 等温

10. 以下不是退火的目的的是________。

A. 降低硬度

B. 消除残余内应力

C. 改善钢的力学性能

D. 降低塑性和韧性

四、简答题

钢经过淬火后再回火的种类有哪几种？各种回火后工件的性能有何变化？各适用于什么零件的热处理？

第五节　有色金属材料

一、填空题

1. 铜合金按主加元素的不同分为______________、______________、______________三大类。

2. 铝合金可以分为______________铝合金和______________铝合金两大类。

3. 常用的轴承合金有______________、______________、______________。

4. 形变铝合金按其主要性能和用途，分为______________、______________、______________和______________。

5. ______________主要用于制造高强度耐磨零件，如蜗轮等。

6. 除钢铁材料以外的金属材料，统称为______________。

7. 纯铜俗称______________，它是用电解法制造出来的，又称电解铜。

8. 黄铜是以______________为主加元素的铜合金。它分为___________和___________。

9. 在滑动轴承中，制造轴瓦及其内衬的合金，称为______________。

10. 形变铝合金按其主要性能和用途，分为______________、______________、______________、______________。

二、判断题

1. 黄铜呈黄色、白铜呈白色，青铜呈青色。(　　)

2. 铝合金的种类按成分和工艺特点不同，分为形变铝合金和铸造铝合金两类。(　　)

3. 形变铝合金中一般合金元素含量较低，并且具有良好的塑性，适宜于塑性加工。(　　)

4. 青铜是以锌和镍为主要添加元素的铜合金。(　　)

5. 滑动轴承材料应具有的理想组织是软基体上分布硬质点，或硬基体上分布软质点的两相组织。(　　)

6. 由于纯铝的强度很低，不宜用来制作结构零件，在铝中加入适量的硅、铜、镁、锰等合金元素，可以得到较高强度的铝合金。(　　)

7. 工业上使用的纯铜，其牌号有 T1、T2、T3、T4 四种。(　　)

8. 白铜敲起来音响很好，所以又称响锣。(　　)

9. 黄铜是以锌为主加元素的铜合金。(　　)

10. 铝和铁抗大气腐蚀性能好。(　　)

三、单选题

1. 下列牌号中，________属于普通黄铜。

   A. ZCuZn16Si4

   B. HPb59-1

   C. H62

   D. ZCuSn10Zn2

2. 下列材料中，________属锡青铜。

A. ZSnSb11Cu6

B. HPb59-1

C. QA17

D. QSn4-3

3. 响铜是指________。

A. 黄铜

B. 青铜

C. 白铜

D. 纯铜

4. 用于制造弹壳的普通黄铜是________。

A. H70

B. H80

C. H62

D. H50

5. 纯铝不具有以下________特点。

A. 质轻、密度小

B. 导电导热性好

C. 抗大气腐蚀性能好

D. 强度硬度较高

6. 汽车发动机或摩托车内燃机一般是用________制成。

A. 形变铝合金

B. 铸造铝合金

C. 铜合金

D. 钛合金

7. 以下________不属于常用的轴承合金。

A. 锡基轴承合金

B. 镍基轴承合金

C. 铅基轴承合金

D. 铝基轴承合金

8. 轴承保持架、蜗轮等应选用________制造。

A. 铝合金

B. 纯铜

C. 钛合金

D. 特殊青铜

9. 铝合金不具有下列________特点。

A. 密度小

B. 耐腐蚀性

C. 导电性好

D. 导热性好

10. 黄铜的主加元素是________。

A. 铜镍

B. 锌

C. 镁

D. 锡

四、简答题

1. 铝合金分为哪几种？各有什么特点？

2. 铜合金有哪些应用？

第六节　非金属材料

一、填空题

1. 复合材料是由两种或多种______________和______________性质不同的物质人工制成的。

2. 新型材料有形状______________、______________和______________。

3. 常用的工程塑料有______________、______________、______________、______________、______________、______________。

4. 氮化硅结构陶瓷和硼纤维金属等都是______________材料。

5. 非金属材料包括______________、______________、______________。

二、判断题

1. 用硬质合金制作刀具，其热硬性比高速钢刀具好。(　　)

2. 复合材料的种类，按增强材料的种类和形状不同，分为纤维增强复合材料、颗粒增强复合材料、层叠复合材料、骨架复合材料等。(　　)

3. 玻璃、有机玻璃、水玻璃、玻璃钢都是玻璃家族的成员。(　　)

4. 玻璃钢是由玻璃和钢组成的复合材料。(　　)

5. 塑料常用的成形法有注射成形法、挤出成形法、吹塑成形法、压延成形法和轧制成形法等。(　　)

6. 复合材料按基体类型分为非金属基体和金属基体两类。(　　)

7. 复合材料是由多种材料复合而成，综合发挥各种组成材料的优点，使一种材料具有多种性能，从而具有天然材料所没有的性能。(　　)

8. 超导性是在特定温度、特定磁场和特定电流条件下电阻趋于零的特定特性。(　　)

9. 汽车的内饰件及仪表盘使用的工程材料是 ABS。(　　)

10. 齿轮、滑轮、涡轮可使用聚酰胺尼龙制作。(　　)

三、单选题

1. 工程塑料是指强度高、能用作机械零件和工程构件的塑料，如________。

A. ABS 塑料

B. 电玉

C. 刚玉

D. 陶瓷

2. 制造密封圈的材料可选用________。

A. 聚氯乙烯

B. 丁腈橡胶

C. 聚氨酯

D. 聚碳酸酯

3. 塑料是最轻的工程材料之一，其密度是钢的________。

A. 1/2

B. 1/3

C. 1/4 ～ 1/8

D. 1/10

4. 制作手机壳常用的材料是________。

A. 纳米材料

B. 工程塑料

C. 金属材料

D. 超导材料

5. 以下不属于工程塑料的材料是________。

A. ABS

B. 聚碳酸酯

C. 铝合金

D. 聚酰胺尼龙

6. 常用材料 ABS 是一种________。

A. 复合材料

B. 工程塑料

C. 纳米材料

D. 金属材料

7. 纳米（nm）是尺寸单位，其大小 是 1 nm=________。

A. 10^{-9} m

B. 10^{-8} m

C. 10^{-7} m

D. 10^{-10} m

8. 用作自来水水管的铝塑管材是________。

A. 工程塑料

B. 金属材料

C. 复合材料

D. 纳米材料

9. 属于塑料的是________。

A. 陶瓷

B. 橡胶

C. 轴承合金

D. 树脂

10. 关于超导材料下列说法正确的是________。

A. 在特定温度、特定磁场和特定电流条件下电阻趋于零的材料

B. 在一般条件下即可获得该材料

C. 目前应用非常广泛

D. 使用时会发出大量的热量

四、简答题

非金属材料有哪些性能优于金属材料？

第七节　材料选择及运用

一、填空题

1. 零件不能保证工作精度或达不到预期工效称为____________。

2. 零件的失效形式主要有____________、____________、____________。

3. 机床的主轴材料常选用____________钢和____________钢制造。

4. 机床齿轮一般可选____________制造，为了提高淬透性，也可选用____________。

5. 汽车齿轮一般用____________或____________制造。

二、判断题

1. 尼龙等非金属材料可用作受力不大的仪表齿轮及无润滑条件下工作的小齿轮。(　　)

2. 对钢材而言，碳含量和合金元素含量越高，焊接性越差。(　　)

3. 零件在工作中丧失或达不到预期的功能称为失效。(　　)

4. 热处理按目的和工序位置不同分为预备热处理和最终热处理。最终热处理包括正火、各种淬火、回火、渗碳、渗氮等。(　　)

5. 机械零件常见的失效形式有变形失效、断裂失效和表面损伤失效三种。(　　)

6. 机床齿轮常选用 45 钢或 40Cr 钢制作。(　　)

7. 断裂是机械零件的主要失效形式，它分为延性断裂、脆性断裂、疲劳断裂等几种。(　　)

8. 对于机械零件材料的选择应以综合力学性能、疲劳强度和磨损为主要依据。(　　)

9. 过量变形是指在外力作用下零件发生整体或局部的过量弹性变形、塑性变形或蠕变变形导致机器或设备无法正常工作的现象。(　　)

10. 表面失效主要包括磨损失效、接触疲劳失效和表面腐蚀失效。(　　)

三、单选题

1. 在下列材料中，卧式车床主轴选用________。

A. 45 钢

B. 38CrMoAl

C. QT700-2

D. 20CrMnTi

2. 汽车变速齿轮等承受交变载荷且摩擦较大的零件，可选用如下材料和热处理________。

A. 中碳钢或中碳合金钢、调质处理

B. 高碳钢和高碳合金钢、淬火、低温回火

C. 中碳合金钢，正火或调质、表面淬火、低温回火

D. 低碳合金钢、渗碳后淬火、低温回火

3. 下列说法没有道理的是________。

A. 零件材料的选用是一个复杂而重要的工作，需综合考虑

B. 在选择车床主轴的材料时要分析轴的受力情况

C. 机床齿轮材料除选用金属外，有的还可选用塑料齿轮

D. 零件材料的选用只要考虑满足使用性能即可

4. 受力较小，要求有一定耐蚀性的轻载齿轮，如钟表齿轮，用________制造。

A. 灰铸铁

B. 铸钢

C. 铸造黄铜

D. 工程塑料

5. 标定布氏硬度值时，允许的波动范围是________。

A. 10 ～ 20

B. 20 ～ 30

C. 30 ～ 40

D. 40 ～ 50

6. 以下不是零件选材原则的是________。

A. 满足使用性能

B. 考虑材料的工艺性能

C. 考虑经济性

D. 形状美观

7. 汽车齿轮主要用于变速箱和差速器中，一般用________制造。

A. 20Cr

B. 45 钢

C. 工程塑料

D. 工具钢

8. 机械零件的主要失效形式是________。

A. 断裂失效

B. 过量变形

C. 表面损伤

D. 弹性变形

四、简答题

选择零件材料应遵循哪些原则？

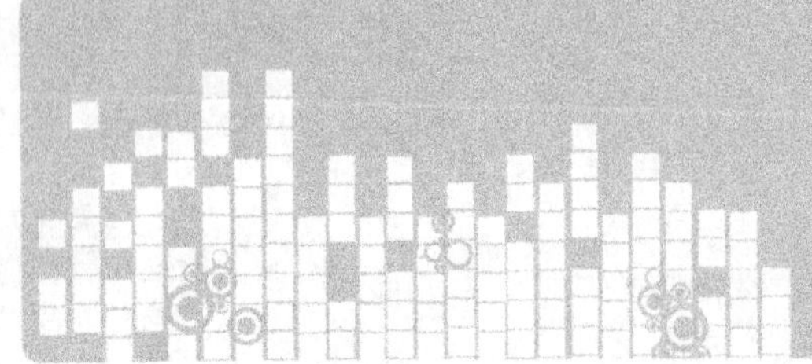

第五章 连接

基本内容

螺纹连接；键、花键连接；销连接；联轴器、离合器。

学习要求

掌握螺纹的类型及主要参数；了解螺纹连接的类型、特点、结构、应用场合及预紧和防松措施；掌握键连接、花键连接、销连接的基本知识；了解联轴器、离合器的功用、结构和特点，能正确选用。

第一节　键连接与销连接

一、填空题

1. 键连接的作用是______________和______________。
2. 花键按齿形的不同，分为______________和______________。
3. 矩形花键连接采用______________定心。
4. 平键的主要尺寸是键______________、键______________、键______________。
5. 圆锥销的锥度标准是______________。
6. 平键连接的两______________面为工作面。
7. 平键的端面分为______________三种形式，双圆头形的平键属于______________型，常应用于轴的中部与轴上零件的连接。
8. 平键的尺寸取决于所在轴的______________，可从国家标准中查出相应的宽度和高度。
9. 平键的宽度和高度的尺寸大小与传递的______________大小成正比。
10. 销连接按用途分为______________、定位销和安全销等类型。

二、判断题

1. 当采用平头普通平键时，轴上的键槽是用端铣刀加工出来的。(　　)

2. 花键连接通常用于要求轴与轮毂严格对中的场合。(　　)

3. 圆柱销和圆锥销都是靠过盈配合固定在销孔中的。(　　)

4. 楔键连接能使轴上零件轴向固定，且能使零件承受双向的轴向力，但定心精度不高。(　　)

5. 由于楔键在装配时被打在轴与轮毂之间的键槽内，所以造成轮毂与轴的偏心与偏斜。(　　)

6. 销按作用可分为定位销、连接销和安全销。(　　)

7. 平键连接加工容易、装拆方便、对中性良好，用于传动精度要求较高的场合。(　　)

8. 花键连接具有较高的同心度，用于定心精度较高和载荷较大的场合。(　　)

9. 销连接不仅能固定两零件的相对位置，还能传递较小的转矩。(　　)

10. 键连接的轮毂高度上极限偏差永远大于0。(　　)

三、单选题

1. 平键连接中，材料强度较软的零件主要失效形式是________。

　A. 工作面的疲劳压溃

　B. 工作面的挤压压溃

　C. 工作面的压缩破裂

　D. 工作面受剪切断裂

2. 普通平键有圆头（A 型）、平头（B 型）和单圆头（C 型）三种形式，当轴的强度足够，键槽位于轴的中间部位时，应选择________为宜。

　A. A 型

　B. B 型

　C. C 型

　D. B 型或 C 型

3. 普通平键连接的强度计算中，A 型平键有效工作长度 l 应为________。

　A. $l=L$

　B. $l=L-B$

　C. $l=L-b/2$

　D. $l=L-2b$

4. 常用________材料制造圆锥销。

　A. Q235

　B. 45 钢

　C. HT200

　D. T8A

5. 若需传递双向转矩，在轴上安装两组切向键时，则两个键宜互成________。

　A. 60°～90°

　B. 90°～120°

　C. 120°～135°

D. 135°～150°

6. 平键连接的工作面是________。

A. 上、下工作面

B. 左、右工作面

C. 左、下面

D. 左、上面

7. 应根据________选择平键的宽度和高度。

A. 传递扭矩

B. 传递功率

C. 轴的直径

D. 轮毂的长度

8. 圆柱销的标准直径是指________端的直径。

A. 大端

B. 小端

C. 中部

D. 两端的平均值

9. 以下不属于平键连接的是________。

A. 普通平键

B. 薄型平键

C. 导向平键

D. 半圆键

10. 对花键连接的说法不正确的是________。

A. 键齿数多，承载能力强

B. 与轴的对中性好

C. 导向性好

D. 对轴和毂的强度削弱较大

11. 轻载、锥形轴端的连接应选________。

A. 普通平键

B. 导向键

C. 楔键

D. 半圆键

12. 可以承受不大的单方向的轴向力，上下两面是工作面的连接是________。

A. 楔键连接

B. 切向键连接

C. 平键连接

D. 松键连接

13. 上下工作面互相平行的键连接是________。

A. 楔键连接

B. 切向键连接

C. 平键连接

D. 花键连接

14. 当轴上零件在工作过程中需作轴向移动时，则需采用由________组成的动连接。

A. 楔键

B. 平头平键

C. 导向平键

D. 花键

15. 锥形轴与轮毂的键连接宜用________。

A. 楔键连接

B. 平键连接

C. 半圆键连接

D. 花键连接

16. 轴径较小，要求定位且传递较小转矩，可应用的键连接是________。

A. 楔键连接

B. 平键连接

C. 圆销连接

D. 花键连接

17. 平键选用主要根据轴的直径，由标准中选定________。

A. 键的长度

B. 键的截面尺寸 $b \times h$

C. 轮毂长度

D. 轴槽深度

18. 平键标记：B12×8×50 GB/T 1096—2003 中，12×8 表示________。

A. 键宽和键高

B. 键宽和键长

C. 键高和键长

D. 键宽和轴径

19. 齿轮在轴上滑移，以改变位置，常选用________连接。

A. 平键

B. 花键

C. 半圆键

D. 楔键

20. 花键连接的主要缺点是________。

A. 应力集中

B. 成本高

C. 对中性与导向性差

D. 对轴削弱

四、简答题

1. 普通平键应用于什么场合？

2. 键连接和销连接有什么区别？

3. 举例说明键连接主要是用于连接哪两个零件？

第二节　螺纹连接

一、填空题

1. 常用的普通螺纹的牙型角为______________度，用代号______________表示；自来水管道用管螺纹的牙型角是______________度。

2. 螺纹的公称直径是螺纹的______________径，______________径用于加工过程中测量其精度。

3. 在自动流水线上装配机器常用电动扳手，它属于______________力矩扳手。

4. 普通螺纹主要用于______________，梯形和锯齿形螺纹主要用于______________。

5. 在常用的螺纹牙型中______________形螺纹传动效率最高，______________形螺纹自锁性最好。

6. 螺纹连接有四种基本类型，其中______________连接用于两个不太厚的工件，连接前需做成通孔，配以螺母和垫片；______________连接用于机器外壳与机座连接，如电视机外壳与机身连接，它可直接将电视机外壳固定在机座上。

7. 双螺母对顶防松属于______________防松。

8. 用于单向受力的传力螺纹的是______________，其工作面的牙型斜角为______________。

9. 螺纹按照其用途不同，一般可分为______________螺纹和______________螺纹。

10. 粗牙普通螺纹的代号用______________及______________表示。

11. 螺纹的导程和螺距的关系是______________。

12. 螺旋传动按用途可分为______________螺旋、______________螺旋和______________螺旋。

二、判断题

1. 紧定螺钉旋入被连接件的螺纹孔中，并用尾部顶住另一被连接件的表面或相应的凹坑中，固定它们的相对位置，还可传递不大的力或转矩。(　　)

2. 将某螺纹竖直放置，右侧牙低的为左旋螺纹。(　　)

3. 螺纹连接是连接的常见形式，是一种不可拆连接。(　　)

4. 螺纹就是在圆柱或圆锥表面上，沿着螺旋线所形成的具有相同剖面的连续凸起。(　　)

5. 普通螺纹的牙型角为60°。(　　)

6. 普通螺纹的公称直径指的是螺纹小径。(　　)

7. 螺纹的导程越大，其螺纹升角也越大。(　　)

8. 普通车床的溜板箱与丝杠连接选用梯形螺纹。(　　)

9. 煤气罐与减压阀之间的连接应用左旋螺纹。(　　)

10. 螺栓连接适用于被连接件之一较厚且经常装拆的场合。(　　)

11. 螺钉连接用于被连接件为盲孔，且不经常拆卸的场合。(　　)

12. 螺纹的旋向可以用右手来判定。(　　)

13. 螺距和导程是相等的。(　　)

14. 螺纹标注中未标旋向的是左旋螺纹。(　　)
15. 在外螺纹中，大径一定大于小径。(　　)

三、单选题

1. 管螺纹的公称直径指的是 ________。
   A. 管子的孔径
   B. 螺纹的大径
   C. 螺纹中径
   D. 螺纹小径
2. 螺纹的常用牙型：三角形、矩形、梯形、锯齿形，其中有________用于连接。
   A. 1 种
   B. 2 种
   C. 3 种
   D. 4 种
3. 在螺栓连接中，采用弹簧垫圈防松是________。
   A. 摩擦防松
   B. 机械防松
   C. 不可拆防松
   D. 黏结防松
4. 梯形螺纹与锯齿形、矩形螺纹相比较，具有的优点是 ________。
   A. 传动效率高
   B. 获得自锁性好
   C. 应力集中小
   D. 工艺性和对中性好
5. 内螺纹代号 M24×1.5—6H 表示________。
   A. 粗牙普通螺纹
   B. 细牙普通螺纹
   C. 管螺纹
   D. 英制螺纹
6. 常见的连接螺纹是________。
   A. 单线左线
   B. 单线右旋
   C. 双线左旋
   D. 双线右旋
7. 机械上采用的螺纹当中，自锁性最好的是________。
   A. 锯齿形螺纹
   B. 梯形螺纹
   C. 普通细牙螺纹
   D. 矩形螺纹

8. 当两个被连接件之一太厚，且需经常装拆时，宜采用________。

A. 螺钉连接

B. 普通螺栓连接

C. 双头螺柱连接

D. 紧定螺钉连接

9. 在螺旋压力机的螺旋副机构中，常用的是________。

A. 矩形螺纹

B. 梯形螺纹

C. 普通螺纹

D. 锯齿形螺纹

10. 多个螺栓连接时，如果螺栓很少拆卸且保证螺栓不能松脱，可选用________。

A. 双螺母

B. 弹性垫圈

C. 焊接

D. 串联金属丝

11. 普通螺纹的公称直径是指________。

A. 大径

B. 小径

C. 中径

D. 顶径

12. 单向受力的螺旋传动机构广泛采用________。

A. 普通螺纹

B. 梯形螺纹

C. 锯齿形螺纹

D. 矩形螺纹

13. 螺纹标记“Tr40×7-7e”表示________。

A. 普通螺纹

B. 管螺纹

C. 梯形螺纹

D. 左旋螺纹

14. 能实现微量调节的是________。

A. 普通螺旋传动

B. 差动螺旋传动

C. 滚珠螺旋传动

D. 特殊螺旋传动

15. 与外螺纹牙顶或内螺纹牙底相切的假想圆柱的直径是螺纹的________。

A. 大径

B. 中径

C. 小径

D. 螺距

16. 相邻两牙在中径线上对应两点间的轴向距离称为螺纹的________。

A. 移动距离

B. 螺距

C. 导程

D. 距离

17. 连接螺纹多采用________线螺纹。

A. 单

B. 多

C. 三

D. 四

18. 三线螺纹的导程为螺距的________倍。

A. 1

B. 2

C. 3

D. 4

19. 滚珠螺旋传动________。

A. 结构简单，制造要求不高

B. 传动效率低

C. 间隙大，传动不够平稳

D. 目前主要用于精密传动的场合

20. 广泛应用于单向受力的传动机构的螺纹是________。

A. 普通螺纹

B. 矩形螺纹

C. 锯齿形螺纹

D. 特殊螺纹

四、简答题

1. 螺纹连接的防松措施有哪些？

2. 螺杆螺纹的牙型有哪几种？各有什么特点？

第三节　弹 性 连 接

一、填空题

1. 受载后发生变形，卸载后立即恢复原有形状和尺寸的零件称为＿＿＿＿＿＿零件。
2. 最常用的弹性零件是＿＿＿＿＿＿。
3. 弹簧的材料主要是＿＿＿＿＿＿和＿＿＿＿＿＿。
4. 弹簧的功用有＿＿＿＿＿＿、＿＿＿＿＿＿、＿＿＿＿＿＿、＿＿＿＿＿＿。
5. 弹簧的变形与所受的载荷成＿＿＿＿＿＿比。

二、判断题

1. 依靠弹性零件实现被连接件在有限相对运动时仍保持固定联系的动连接，称为弹性连接。(　　)
2. 弹簧的材料主要是热轧和冷拉弹簧钢。(　　)
3. 蛇形弹簧联轴器上的弹簧的作用是储能输能。(　　)
4. 机械式钟表中的发条弹簧的作用是控制运动。(　　)
5. 弹簧秤中的弹簧的作用是测量载荷。(　　)
6. 枪械中的弹簧，在使用中是应用了控制运动的功用。(　　)
7. 数控铣床或加工中心的刀杆压紧弹簧应选用碟形弹簧。(　　)
8. 弹簧的材料要求有足够的韧性和脆性。(　　)
9. 火车铁轨与枕木之间的螺栓连接选用焊接的方式。(　　)
10. 弹簧按所承受的载荷分为拉伸弹簧、压缩弹簧和扭转弹簧。(　　)

三、单选题

1. 用碳素弹簧钢丝来卷制螺旋弹簧时，采用冷卷还是热卷，主要取决于＿＿＿＿。
   A. 现有的卷制设备
   B. 弹簧的使用要求
   C. 钢丝直径的大小
   D. 热处理的条件
2. 在机械中应用最广的是＿＿＿＿。
   A. 板簧
   B. 蜗卷盘簧

C. 环形弹簧

D. 圆柱螺旋弹簧

3. 压缩螺旋弹簧支承圈并紧且磨平的目的是 ________。

A. 减少弹簧的变形

B. 减少弹簧的强度

C. 保证弹簧的稳定性

D. 使载荷作用线与弹簧轴线趋于重合

4. 离心离合器中，与闸瓦相连接的弹簧，其作用是 ________。

A. 控制运动

B. 储存能量

C. 缓冲吸振

D. 测量载荷

5. 钟表和仪器中的发条属于________。

A. 螺旋弹簧

B. 平面蜗卷弹簧

C. 碟形弹簧

D. 环形弹簧

6. 热卷法制成的弹簧，应进行________热处理。

A. 淬火

B. 调质处理

C. 淬火后中温回火

D. 低温回火

7. 对圆柱螺旋压缩弹簧采用强压处理，其主要目的是 ________。

A. 提高静载程度

B. 提高疲劳程度

C. 提高刚度

D. 提高高温性能

8. 用冷拉钢丝经冷卷制成的弹簧，为了消除卷制时产生的内应力，需进行________热处理。

A. 退火

B. 淬火后中温回火

C. 低温回火

D. 调质处理

9. 车辆上悬架装置使用的弹簧连接，它的作用是 ________。

A. 控制运动

B. 储存能量

C. 缓冲吸振

D. 测量载荷

10. 写字用的原子笔或中性笔中的压缩弹簧主要起________作用。

A. 缓冲吸振

B. 控制运动

C. 储能输能

D. 测量载荷

四、简答题

普通自行车手闸、鞍座、货架等处的弹簧各属于什么类型？其作用是什么？

第四节　联轴器与离合器

一、填空题

1. 联轴器用于______两轴共同转动，离合器也可用于______两轴共同转动，但是______只能在停止转动后，才能将两轴分开。

2. 两轴安装后，产生误差是不可避免的，主要误差有______、______、______、______。

3. 刚性联轴器结构______，制造容易，承载能力______，成本______，但没有______的能力。

4. ______具有补偿轴线偏移的能力，适用于载荷和转速有变化及两轴有偏移的场合。

5. 常用的离合器有______和______。

6. 刚性联轴器主要有______联轴器和______联轴器。

7. 靠弹性元件的弹性变形及阻尼作用来补偿轴线偏移、缓冲吸振的联轴器称为______联轴器。

8. 牙嵌离合器只能在______或______时接合。

9. 摩擦式离合器利用摩擦副的______传递转矩。

10. 在载荷平稳、转速恒定、低速的场合，刚性大的短轴，可选用______，刚性小的长轴，可选用______，在载荷多变、高速回转、频繁启动、经常反转和两轴不能保证严格对中的场合，可选用______。

二、判断题

1. 联轴器主要用于把两轴连接在一起，机器运转时不能将两轴分离，只有在机器停车并将连接拆开后，两轴才能分离。(　　)

2. 摩擦离合器具有一定的安全保护作用。(　　)

3. 固定式刚性联轴器适用于两轴对称性不好的场合。(　　)

4. 离合器和联轴器一样，只有在停车时才能分离或连接。(　　)

5. 万向联轴器允许被连接两轴间有较大的角偏移。(　　)

6. 用联轴器时无需拆卸就能使两轴分离。(　　)

7. 用离合器时无需拆卸就能使两轴分离。(　　)

8. 凸缘联轴器属于固定式刚性联轴器。(　　)

9. 在载荷多变、高速回转、频繁启动、经常反转和两轴不能保证严格对中的场合，可选用凸缘联轴器。(　　)

10. 嵌合式离合器适用于停机或低速时的接合。(　　)

11. 刚性联轴器是利用它的组成，使零件间构成的动连接，具有某一方向或几个方向的活动度来补偿两轴同轴度误差。(　　)

12. 万向联轴器用于两轴相交的传动，如要主、从动轴的转速相等，则必须成对使用。(　　)

三、单选题

1. 在载荷比较平稳、冲击不大但两轴轴线具有一定程度的相对偏移量的情况下，通常宜采用________。

A. 套筒联轴器

B. 凸缘联轴器

C. 夹壳联轴器

D. 滑块联轴器

2. 弹性柱销联轴器属于________联轴器。

A. 刚性

B. 无弹性元件挠性

C. 有弹性元件挠性

D. 金属弹性元件挠性

3. 自行车后轮的棘轮机构相当于一个离合器，它是________。

A. 牙嵌式离合器

B. 摩擦离合器

C. 超越离合器

D. 安全离合器

4. 对于工作中载荷平稳，不发生相对位移，转速稳定且对中性好的两轴宜选用________。

A. 固定式联轴器

B. 可移式联轴器

C. 弹性联轴器

D. 万向联轴器

5. 对被连接两轴间的偏移具有补偿能力的联轴器是 ________。

A. 凸缘联轴器

B. 弹性联轴器

C. 安全联轴器

D. 刚性联轴器

6. 载重汽车的后轮驱动与发动机的连接是选用________联轴器。

A. 套筒式
B. 弹性套柱销
C. 万向
D. 齿式

7. CA6140 普通车床的 1 轴离合器选用________来实现主轴的启动和停止。
A. 嵌合式离合器
B. 摩擦片式离合器
C. 超越离合器
D. 安全离合器

8. 普通手动变速汽车的离合器是选用________来控制的。
A. 嵌合式离合器
B. 摩擦片式离合器
C. 超越离合器
D. 安全离合器

9. CA6140 普通车床的丝杠和光杠与进给箱输出轴的连接选用________联轴器，并且用圆柱销连接。
A. 套筒式
B. 凸缘式
C. 弹性套筒销
D. 万向

10. 电动机、水泥搅拌机与减速箱之间选用________联轴器。
A. 套筒式
B. 凸缘式
C. 弹性套筒销
D. 万向

四、简答题

1. 联轴器和离合器有什么不同?

2. 联轴器的选用应考虑哪些因素?

3. 刚性联轴器与弹性联轴器的主要区别是什么?

4. 摩擦离合器与嵌入式离合器的主要区别是什么?哪种适用于较高转速?

第六章 常用机构

基本内容

平面运动副及其分类；铰链四杆机构的基本类型及应用；铰链四杆机构的曲柄存在条件；铰链四杆机构的传动特性；铰链四杆机构的演化实例；凸轮机构的应用和分类；从动件的常用运动规律；按已知运动规律绘制平面凸轮轮廓；棘轮机构；槽轮机构。

学习要求

理解运动副的概念，掌握各种平面运动副和高副的一般表示方法；能读懂平面机构运动简图；了解铰链四杆机构的基本类型及应用；掌握四杆机构的传动特性和曲柄存在条件；了解平面四杆机构设计的图解法；了解凸轮机构的类型、特点和应用；掌握等速运动规律、等加速等减速运动规律的特点及位移线图的绘制方法；掌握尖顶从动件盘形凸轮轮廓的图解法。

第一节 构件、运动副与平面机构

一、填空题

1. 平面运动副有______________和______________两种类型。

2. 两构件以点或线的形式相接触组成的运动副称为______________。

3. 固定的构件称为______________。

4. 机构运动简图的作用是表示机构各构件间的______________关系。

5. 单缸内燃机是具有______________和______________的构件。

6. 运动副是两构件直接接触组成的______________连接。

7. 按两构件接触形式的不同，运动副可分为______________和______________。

8. 低副是指两构件以______________接触的运动副，高副是指两构件以______________接触的运动副。

9. 按两构件的相对运动形式，低副分为______________、______________。

10. 齿轮的啮合属于______________副。

二、判断题

1. 齿轮机构的啮合表面是高副接触。(　　)
2. 车床的床鞍与导轨组成移动副。(　　)
3. 根据组成运动副的两构件的接触形式不同，平面运动副可分为低副和移动副。(　　)
4. 铰链连接是转动副的一种具体形式。(　　)
5. 点线接触的高副，由于接触面小，承受的压强大。(　　)
6. 直接接触的两个构件间的可动连接称为运动副。(　　)
7. 机构中从动件的运动规律取决于原动件的运动规律和机构中运动副和构件的结构及尺寸。(　　)
8. 对于具有转动副的构件，虽然杆状构件的受力状况和功能有所区别，但也都要尽量制成直杆的形状。(　　)
9. 对于绕定轴转动的构件，可以制成盘状。(　　)
10. 偏心轮和曲轴常用于回转运动和往复直线运动相互交换的机构中。(　　)

三、单选题

1. 图 6-1-1 中所示机构有________低副。

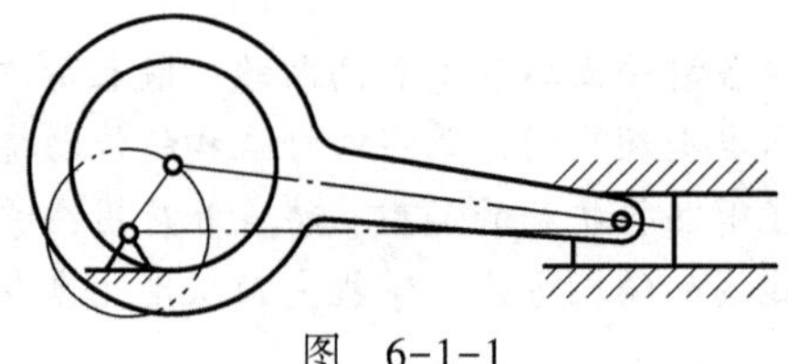

图　6-1-1

A. 1 个
B. 2 个
C. 3 个
D. 4 个

2. 两构件构成运动副的主要特征是________。

A. 两构件以点、线、面相接触
B. 两构件能做相对运动
C. 两构件相连接
D. 两构件既连接又作一定的相对运动

3. 图 6-1-2 ________中的运动副 A 是高副。

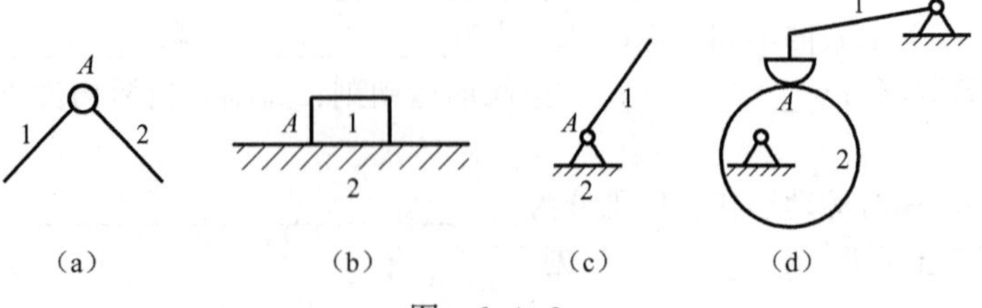

图　6-1-2

A. （a）

B. （b）

C. （c）

D. （d）

4. 判断图 6-1-3 中的物体 1、2 之间有________运动副。

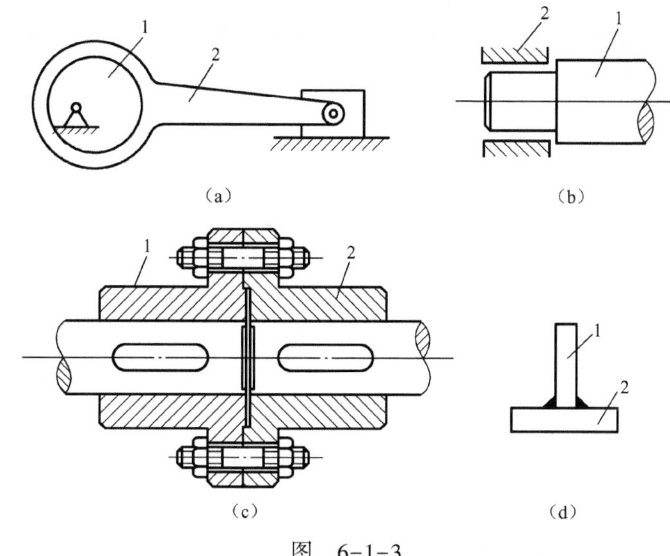

图 6-1-3

A. 1 个［图（a）］

B. 2 个［图（a）、（b）］

C. 3 个［图（a）、（b）、（c）］

D. 4 个［图（a）、（b）、（c）、（d）］

5. 运动副的作用是________两构件，使其有一定的相对运动。

A. 固定

B. 连接

C. 分离

D. 移动

6. 机构中固定的构件称为________。

A. 机架

B. 原动件

C. 从动件

D. 连杆

7. 以下运动副传力性能好的是________。

A. 高副

B. 转动副

C. 移动副

D. 螺纹副

8. 具有两个移动副的构件是________。

A. 盘状构件

B. 偏心轮

C. 单缸内燃机

D. 滑块式联轴器

四、简答题

1. 吊扇的扇叶与吊架、书桌的桌身与抽斗，机车直线运动时的车轮与路轨，各组成哪一类运动副，请分别画出。

2. 绘制图 6-1-4 所示各机构的运动简图。

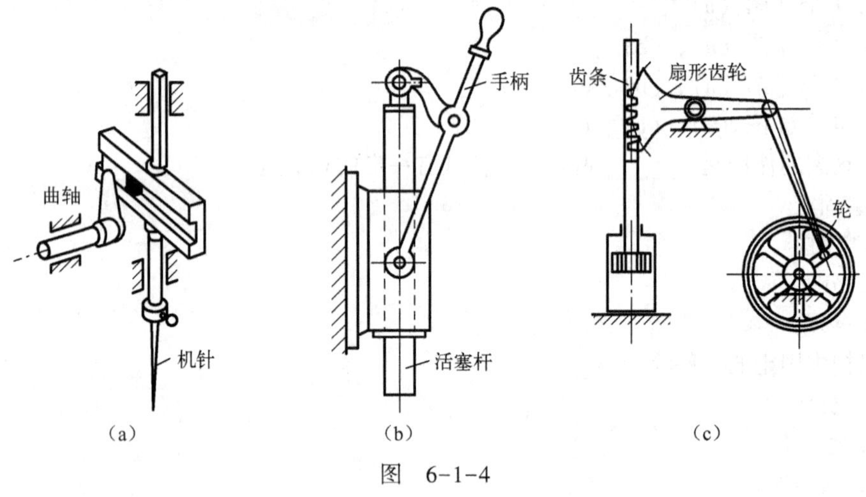

图 6-1-4

第二节　平面四杆机构

一、填空题

1. 由四个构件通过铰链连接而成的机构称为______________，其中______________的杆件称为机架，与机架用＿＿＿＿＿＿副相连的杆件称为＿＿＿＿＿＿，不与机架相连的杆件称为＿＿＿＿＿＿。

2. 铰链四杆机构按曲柄存在的情况，分为＿＿＿＿＿＿、＿＿＿＿＿＿、＿＿＿＿＿＿三种形式，

3. 曲柄摇杆机构中，若以曲柄为主动件，当从动摇杆处于两极限位置时，＿＿＿＿＿＿之间所夹的锐角称为极位夹角。

4. 在实际生产中，常利用＿＿＿＿＿＿特性，来缩短空回时间，从而提高工作效率。

5. 压力角和传动角互为＿＿＿＿＿＿角。

6. 在曲柄摇杆机构中，从动件上所受力的方向与其速度方向所夹的锐角称＿＿＿＿＿＿。

7. 家用缝纫机的踏板机构采用＿＿＿＿＿＿机构。

8. 在铰链四杆机构中，作＿＿＿＿＿＿的连架杆称为曲柄，作＿＿＿＿＿＿的连架杆称为摇杆。

9. 单缸内燃机属于＿＿＿＿＿＿机构，它以＿＿＿＿＿＿为主动件。

10. 铰链四杆机构中最短杆与最长杆长度之和大于＿＿＿＿＿＿时，则不论取哪一杆作为机架，均只能构成＿＿＿＿＿＿。

二、判断题

1. 曲柄的极位夹角 θ 越大，机构的急回特性越显著。(　　)

2. 铰链四杆机构如有曲柄存在，则曲柄一定是最短杆。(　　)

3. 对于铰链四杆机构，当最短杆与最长杆长度之和小于或等于其余两杆长度之和时，若取最短杆为机架，则该机构为双摇杆机构。(　　)

4. 平面连杆机构是低副机构，其接触处压强较小，因此，适用于受力较大的场合。(　　)

5. 曲柄滑块机构常用于内燃机中。(　　)

6. 平面四杆机构是由若干构件和低副组成的平面机构。(　　)

7. 缝纫机的踏板机构是曲柄摇杆机构。(　　)

8. 对心曲柄滑块机构中滑块的行程是曲柄半径的两倍。(　　)

9. 反向双曲柄机构可应用于车门启闭机构。(　　)

10. 在铰链四杆机构中，若连架杆能围绕其回转中心做整周转动，则称为曲柄。(　　)

11. 压力角越大对传动越有利。(　　)

12. 在曲柄摇杆机构中，空回行程比工作行程的速度要慢。(　　)

13. 曲柄滑块机构是由曲柄摇杆机构演化而来的。(　　)

14. 当曲柄摇杆机构把圆周运动转变为往复摆动时，曲柄与连杆共线时的位置，就是曲柄的“死点”位置。(　　)

15. 机构在“死点”位置时对工作都是不利的，所以都要克服。(　　)

三、单选题

1. 曲柄摇杆机构中，当曲柄为原动件时，曲柄处于＿＿＿＿时，机构的传动角为最小。

A. 曲柄与连杆共线时的两个位置之一

B. 曲柄与机架垂直的位置时

C. 曲柄与机架共线的两个位置之一

D. 摇杆与机架垂直时

2. 图 6-2-1 所示曲柄摇杆机构中，C_1D 与 C_2D 是摇杆 CD 的极限位置，C_1、C_2 连线通过曲柄转动中心 A，该机构的行程速度变化系数 K 是________。

A. $K=1$

B. $K<1$

C. $K>1$

D. $K=0$

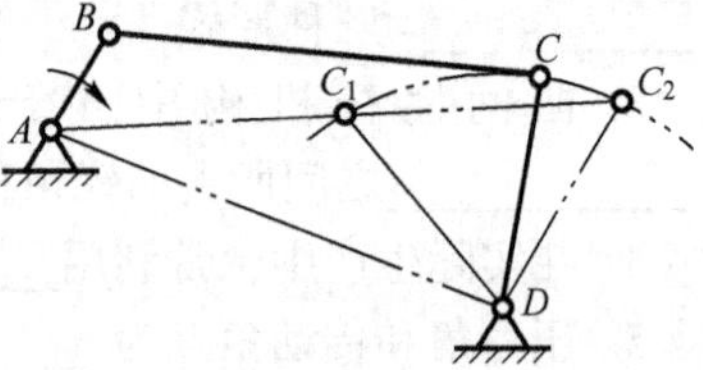

图 6-2-1

3. 图 6-2-2 所示同步偏心多轴钻属于 ________。

A. 双摇杆机构

B. 曲柄摇杆机构

C. 平行双曲柄机构

D. 转动导杆机构

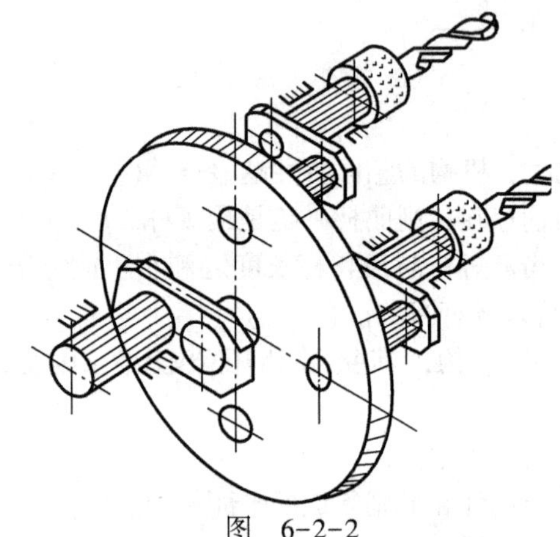
图 6-2-2

4. 下列机构中，________为曲柄滑块的应用实例。

A. 手动抽水机

B. 滚动送料机

C. 自卸汽车卸料装置

D. 油田抽油机的驱动机构

5. 图 6-2-3 中，________所注的压力角 α 是错误的。

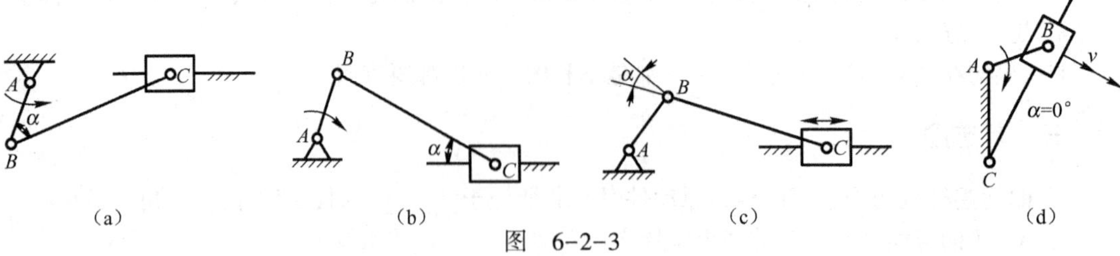

图 6-2-3

A. 图（a）

B. 图（b）

C. 图（c）

D. 图（d）

6. 曲柄摇杆机构中，以曲柄为主动件时，死点位置为________。

A. 曲柄与连杆共线时

B. 摇杆与连杆共线时

C. 曲柄、摇杆与连杆共线时

D. 不存在

7. 为了使机构能够顺利通过死点位置继续正常运转，可以采用的办法有________。

A. 增加曲柄长度

B. 安装飞轮，利用惯性

C. 增大极位夹角

D. 减小连架杆长度

8. 能产生急回运动的平面连杆机构有________。

A. 双曲柄机构

B. 双摇杆机构

C. 曲柄摇杆机构

D. 曲柄滑块机构

9. 手摇唧筒是________。

A. 曲柄滑块机构

B. 摇杆滑块机构

C. 曲柄摇块机构

D. 导杆机构

10. 判断四杆机构中是否存在曲柄的一个条件是________。

A. 最长杆+最短杆>其余两杆之和

B. 最长杆+最短杆≤其余两杆之和

C. 最长杆-最短杆≤其余两杆之和

D. 没有任何要求

11. 铰链四杆机构中，不与机架相连的构件为（　　）

A. 曲柄

B. 摇杆

C. 连杆

D. 连架杆

12. 曲柄摇杆机构中，以摇杆为原动件时，从动件会出现（　　）死点位置。

A. 一次

B. 二次

C. 三次

D. 四次

13. 以下关于曲柄摇杆机构的叙述正确的是（　　）。

A. 只能以曲柄为主动件

B. 摇杆不可以作主动件

C. 主动件既可能作整周圆周运动也可以作往复摆动

D. 摇杆只能做从动件

14. 在四杆机构中，若最短杆与最长杆长度之和小于或等于其余两杆长度之和时，若取最短杆为机架，则该机构为（　　）

A. 曲柄摇杆机构

B. 双曲柄机构

C. 双摇杆机构

D. 导杆机构

15. 平行双曲柄机构，当主动曲柄作匀速转动时，从动曲柄将（　　）。

A. 匀速转动

B. 间歇转动

C. 周期性变速转动

D. 往复摆动

四、思考题

1. 根据图 6-2-4 中注明的尺寸，判别各四杆机构的类型。

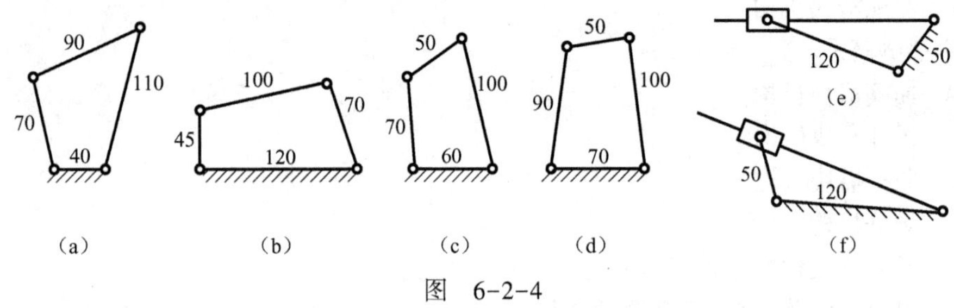

图　6-2-4

2. 什么是机构的急回特性？机构有无急回特性取决于什么？

3. 如图 6-2-5 所示的曲柄摇杆机构，请作出该机构曲柄 AB 的极位夹角 θ，标出摇杆 CD 的摆角 ψ。

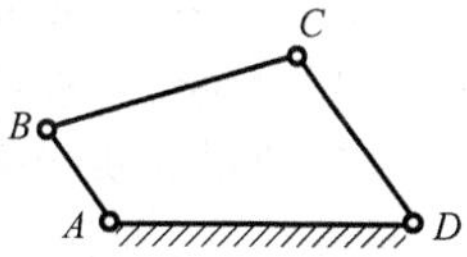

图 6-2-5

4. 平面四杆机构的压力角和传动角是确定值还是变化值？它们对机构的传力性能有何影响？

5. 什么是平面四杆机构的死点位置？实际生活中有哪些应用？

第三节　凸轮机构

一、填空题

1. 凸轮机构是由具有一定轮廓形状的凸起或凹槽的________、________和________组成的________副机构。它将凸轮的________或________

转换为从动件的连续或间歇的______________或______________。

2. 凸轮机构按从动件的运动形式分为______________和______________。

3. 盘形凸轮轮廓的绘制是采用______________法原理。

4. 从动件在端点的速度方向与该点的受力方向的夹角称为______________。

5. 在凸轮机构中，如果从动件出现自锁现象，表明其______________角过大，有效分力不足以克服摩擦阻力。

6. 凸轮机构按照凸轮的形状分为______________、______________和______________。

7. 凸轮的轮廓与轴的直径尺寸相差不大时，可制成一体的______________，尺寸相差较大时，应分别制造，采用______________等方式连接。

8. 以凸轮的最小向径为半径所做的圆称为凸轮的______________。

9. 凸轮机构中，凸轮推动从动件上升到最高位置的过程称为______________。

10. 凸轮和滚子的常用材料有______________。

二、判断题

1. 呈内凹形轮廓的凸轮机构选择平底从动件时，也可实现预期的运动规律。(　　)

2. 凸轮精度要求较高，制造较复杂，有时需要数控机床加工。(　　)

3. 凸轮的基圆半径就是凸轮理论轮廓线上的最小半径率。(　　)

4. 由于盘形凸轮制造方便，所以最适用于较大行程的传动。(　　)

5. 凸轮机构是高副机构，易磨损，因此只适用于传递动力不大的场合。(　　)

6. 反转法绘制凸轮轮廓曲线，是给凸轮加上一个与凸轮的角速度等值反向并绕凸轮轴心转动的角速度。凸轮的从动件运动轨迹可以是直线，也可以是曲线。(　　)

7. 比较从动件的等速运动规律和等加速等减速运动规律，等加速等减速运动规律的加速度是连续的，所以其冲击力较小。(　　)

8. 在凸轮机构中，从动件从初始位置到达最远位置的过程称为回程。(　　)

9. 在凸轮机构中，远休止角和近休止角应该相等。(　　)

10. 对于凸轮机构，较小的压力角可以改善传力特性、提高效率，所以凸轮机构的压力角越小越好。(　　)

三、单选题

1. 图 6-3-1 中________凸轮机构的从动件与凸轮之间是滑动摩擦，且阻力大，磨损快，只适用于传力不大的低速场合。

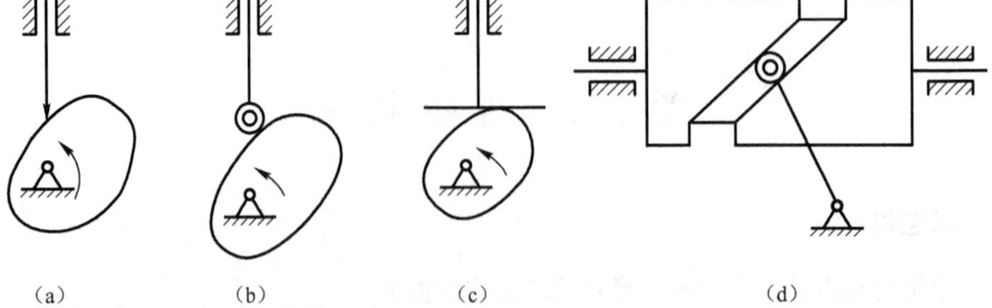

(a)　(b)　(c)　(d)

图　6-3-1

A. 图（a）

B. 图（b）

C. 图（c）

D. 图（d）

2. 图 6-3-2 所示为从动件推程的位移曲线，该从动件推程的运动规律是________。

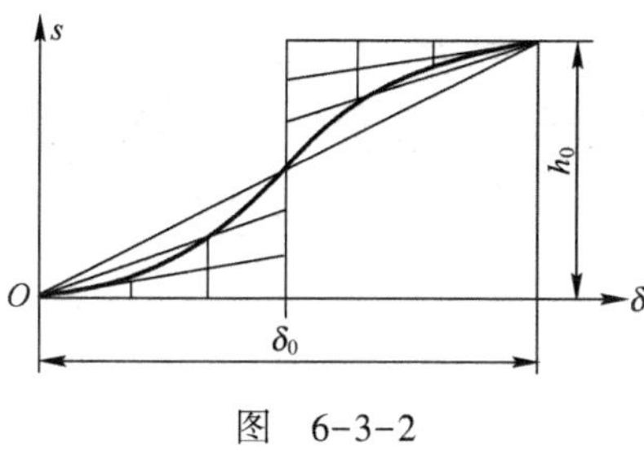

图 6-3-2

A. 等速运动规律

B. 等加速运动规律

C. 简谐运动规律

D. 等加速等减速运动规律

3. 图 6-3-3 所示凸轮副中，有________是封闭的。

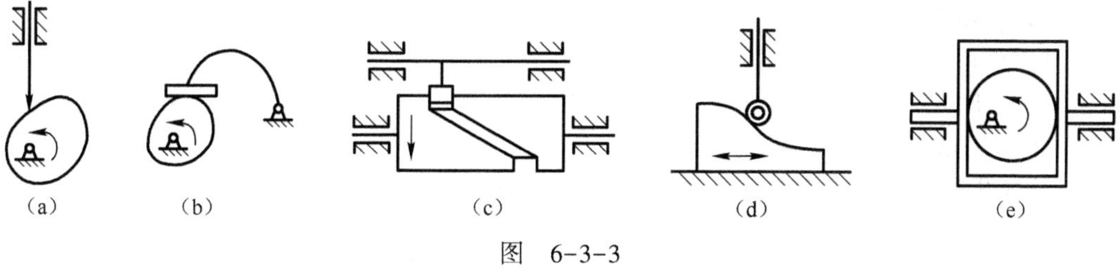

图 6-3-3

A. 1 种

B. 2 种

C. 3 种

D. 4 种

4. 图 6-3-4 所示为简易油泵，它是________的实际应用。

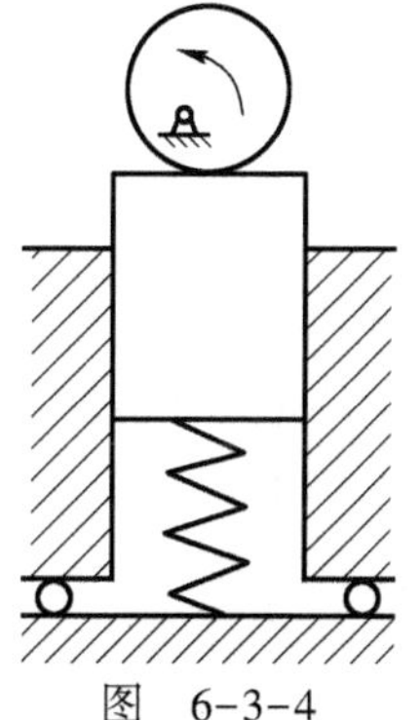

图 6-3-4

A. 曲杆滑块机构

B. 偏心轮机构

C. 滚子移动从动件盘形凸轮机构

D. 平底从动件盘形凸轮机构

5. 图 6-3-5 所示机构中，________是空间凸轮机构。

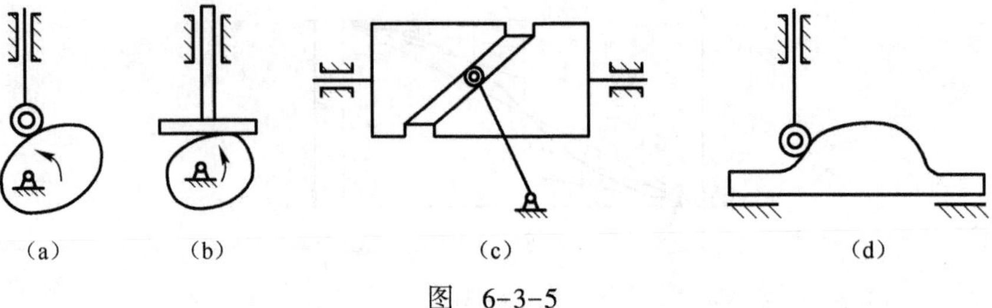

图 6-3-5

A. 图（a）

B. 图（b）

C. 图（c）

D. 图（d）

6. 凸轮机构从动杆的端部形式没有________。

A. 尖顶式

B. 直动式

C. 平底式

D. 滚子式

7. 凸轮机构从动件的运动规律是由________决定的。

A. 凸轮转速

B. 凸轮轮廓曲线

C. 凸轮形状

D. 凸轮基圆半径

8. 与凸轮接触面积大，易于形成油膜，所以润滑较好，磨损较小的是________。

A. 尖顶式从动杆

B. 直动式从动杆

C. 平底式从动杆

D. 滚子式从动杆

9. 下列说法不正确的是________。

A. 凸轮机构结构简单、紧凑

B. 凸轮机构是高副接触，易于磨损

C. 受凸轮尺寸的限制，凸轮机构不适用于要求从动件行程较大的场合

D. 凸轮机构可用于承受载荷较大的场合

10. 从动件的基本运动规律有________。

A. 等速运动规律

B. 等加速等减速运动规律

C. 简谐运动规律

D. 以上都有

四、分析题

1. 试标出图 6-3-6 所示位移线图中的行程 h、推程运动角 δ_o、远休止角 δ_s、回程角 δ'_o、近休止角 δ'_s。

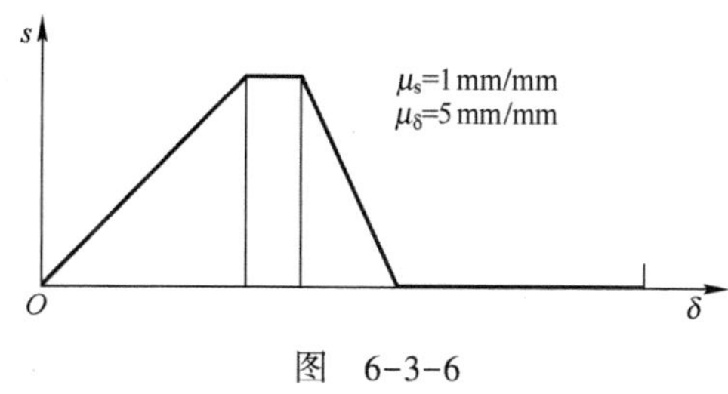

图 6-3-6

2. 试写出图 6-3-7 所示凸轮机构的名称，并在图上作出行程 h，基圆半径 r_b，凸轮转角 δ_o、δ_s、δ'_o、δ'_s，以及 A、B 两处的压力角。

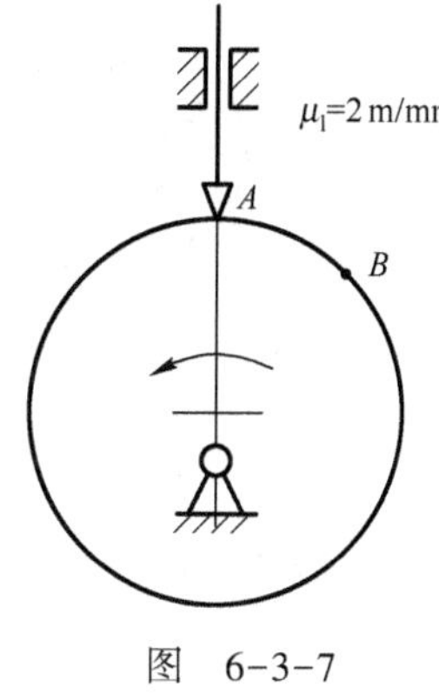

图 6-3-7

3. 如图 6-3-8 所示为一偏心圆凸轮机构，O 为偏心圆的几何中心，偏心距 $e = 15$ mm，$d = 60$ mm，试在图中标出：

(1) 凸轮的基圆半径、从动件的最大位移 H 和升程角 δ 的值；

(2) 凸轮转过 90°时从动件的位移 s。

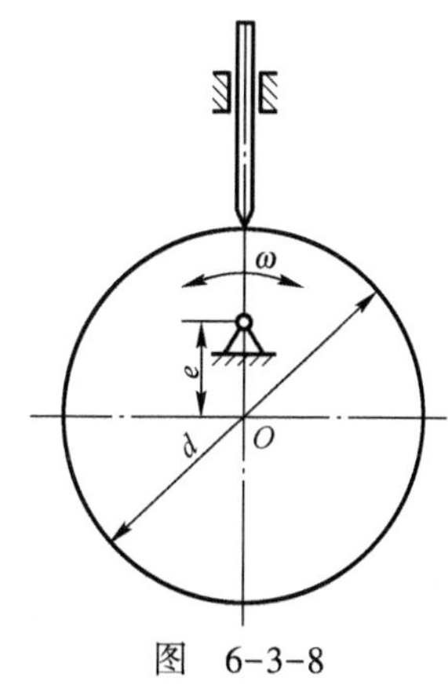

图 6-3-8

4. 图 6-3-9 所示为一滚子对心直动从动件盘形凸轮机构。试在图中画出该凸轮的理论轮廓曲线、基圆半径、推程最大位移 H 和图示位置的凸轮机构压力角。

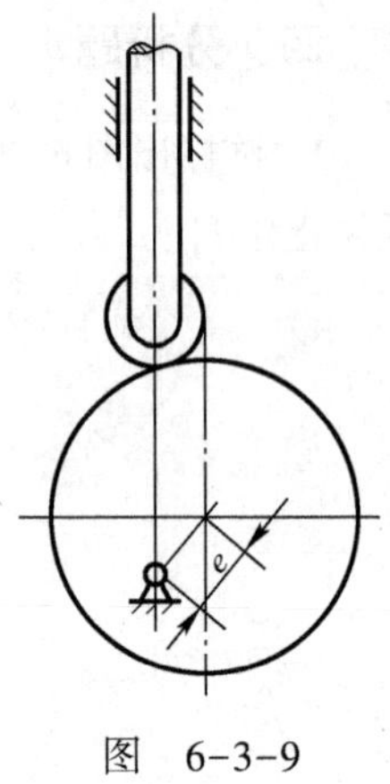

图 6-3-9

5. 标出图 6-3-10 中各凸轮机构图中 A 位置的压力角和再转过 45°时的压力角。

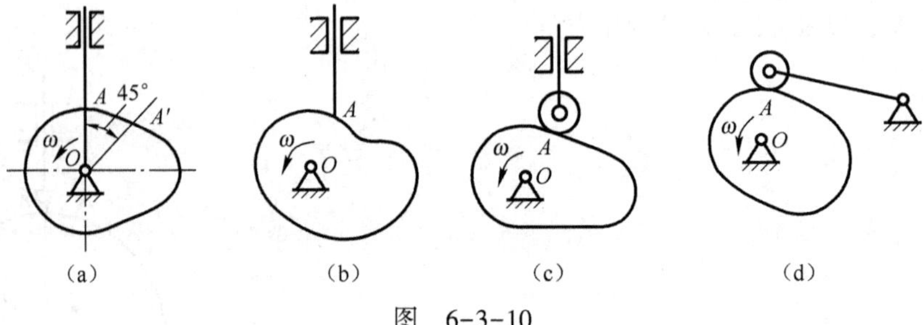

图 6-3-10

6. 设计一尖顶对心直动从动件盘形凸轮机构。凸轮顺时针匀速转动，基圆半径 r_b = 40 mm，h = 30 mm，从动件的运动规律如表 6-3-1 所示。

表 6-3-1

δ	0～90°	90°～180°	180°～240°	240°～360°
运动规律	等速上升	停止	等加速等减速下降	停止

第四节　间歇运动机构

一、填空题

1. 将主动件的______________转换为______________的周期性运动的机构称为间歇运动机构。

2. 棘轮机构由______________、______________和______________组成。

3. 槽轮机构的主动件是______________，它以等角速度做______________运动，具有______________槽的槽轮是从动件，由它来完成间歇运动。

4. 为保证棘轮在工作中的______________可靠和防止棘轮的______________，棘轮机构应当装有止回棘爪。

5. 拨盘转一周，槽轮只做一次与拨盘转动方向相反的转动，称为______________槽轮机构。

二、判断题

1. 槽轮机构的停歇和运动时间取决于槽轮的槽数和圆柱拨销数。(　　)

2. 在棘轮机构中，为使棘轮静止可靠和防止棘轮反转，要安装止回棘爪。(　　)

3. 槽轮机构的槽数必须大于圆销数，机构才能有确定的运动。(　　)

4. 槽轮机构一般用于转速不太高的自动机械或仪器仪表中。(　　)

5. 槽轮机构中槽轮的转角大小是可以调节的。(　　)

6. 棘轮机构中棘轮的转角大小是可以调节的。(　　)

7. 要保证槽轮机构正常工作，其槽轮数必须大于或等于3，而拨销数必须小于6。(　　)

8. 槽轮机构不宜用于高速场合。(　　)

9. 为使棘爪顺利地进入棘轮槽，必须使棘轮齿面倾角小于棘爪与棘轮间的摩擦角，一般取20°。(　　)

10. 棘轮机构按工作原理可分为齿啮式和摩擦式，按结构特点可分为外接式和内接式。(　　)

三、单选题

1. 下列关于棘轮机构的特点中，说法不正确的是________。
   A. 结构简单
   B. 棘轮转角可以在一定范围内选择
   C. 传递动力大，转速高
   D. 运动可靠

2. 某槽轮机构运转中，槽轮有70%的时间处于静止状态，该机构的运动系数为________。
   A. 0.3
   B. 0.7
   C. 0.43

D. 0.57

3. 最常见的棘轮齿形是 ________。

A. 锯齿形

B. 对称梯形

C. 三角形

D. 矩形

4. 由曲柄摇杆机构带动棘轮机构时，调整棘轮转角大小的方法有：①调整曲柄长度；②调整连杆长度；③调整摇杆长度；④棘轮上装覆盖罩，调整覆盖罩位置。其中________方法有效。

A. 1 种

B. 2 种

C. 3 种

D. 4 种

5. 槽轮机构的槽轮转角大小的调节性能为________。

A. 无级调节

B. 有级调节

C. 小范围内调节

D. 不能调节

6. 棘轮机构常用于以下哪种场合，________。

A. 高速　重载

B. 低速　重载

C. 高速　轻载

D. 低速　轻载

7. 电影放映机中用于实现电影胶片运动的是________机构。

A. 槽轮

B. 棘轮

C. 平面四杆

D. 凸轮

8. 对于双圆销、槽数为 4 的槽轮机构，在工作中曲柄旋转一周，则双圆销即可使槽轮间歇地转动________。

A. 1 次

B. 2 次

C. 1/2 次

D. 1/4 次

9. 对于槽轮机构，要保证槽轮被拨盘驱动，当槽数 z 取 4 或 5 时，圆销数 k 不能取________。

A. 1

B. 2

C. 3

D. 4

10. 在六角车床刀架的转位机构中，槽轮有六个径向槽，与之相连的刀架上可装六把刀具，拨轮每转一周，驱动槽轮转过________，刀架也随之转过相同的角度。

A. 30°

B. 60°

C. 90°

D. 120°

四、简答题

棘轮机构和槽轮机构各有什么特点？各应用于哪些场合？

第七章 机械传动

基本内容

带传动的类型、工作原理、特点和应用；带传动的张紧、使用和维护；链传动的类型、工作原理、特点和应用；滚子链传动的设计；链传动的布置、张紧和维护；平面齿轮传动的特点和类型；渐开线的形成及其性质；齿轮的基本参数和几何尺寸；直齿圆柱齿轮啮合的条件；渐开线齿轮的加工方法和根切现象；齿轮传动的失效形式；齿轮的材料及热处理；齿轮系的应用；各种机械传动的传动比计算；减速器的结构和选用。

学习要求

了解带传动的类型、特点、作用，带传动的张紧、选用和维护方法；掌握带传动的工作原理、弹性滑动和打滑的原因及二者间的区别；掌握带传动的主要失效形式；了解链传动的工作原理、特点和应用，常见链条和链轮的结构形式，链传动的布置、张紧和维护方法；知道滚子链的构造；理解直齿圆柱齿轮啮合的条件和渐开线特性；掌握渐开线齿轮各部分的名称、主要参数和标准直齿圆柱齿轮的几何尺寸计算；掌握齿轮传动的特点，齿轮传动失效形式；了解轮系的分类方法，能识别轮系的类型；掌握定轴轮系、简单行星轮系传动比的计算和转向的判定方法；了解减速器的类型、结构及其选用方法。

第一节 带 传 动

一、填空题

1. 带传动的类型有______________、______________、______________。
2. 常见的机械传动有______________、______________、______________、______________。
3. 带轮通常由______________、______________、______________组成。
4. V 带断面在轮槽中应有正确的位置，V 带外缘应______________于轮外缘。
5. 普通 V 带结构由______________、______________、______________、______________四部分组成。
6. 带传动时，由于带的弹性变形而引起的带与带轮之间的相对滑动称______________。

7. 带传动的主要失效形式是______________与______________。

8. 带传动利用带与带轮之间的______________来传递运动和动力。

9. V 带是横截面为______________的传动带，其工作面为______________。我国生产和使用的 V 带有______________七种型号，其中 ______________型截面积最小。CA6140 车床用______________型 V 带。

10. 通常带传动的张紧装置使用两种方法，即______________和______________。

二、判断题

1. 为了提高带传动的能力，V 带轮的槽形角应该与 V 带的楔角相等，都等于 40°。(　　)

2. 带的弹性滑动和打滑一样，都是可以避免的。(　　)

3. 带传动在使用过程中要对带进行定期检查和及时调整，一组 V 带中只需更换个别有疲劳撕裂的 V 带即可。(　　)

4. 带传动中的包角通常是指小带轮的包角。(　　)

5. V 带的基准长度为公称长度，此长度在带弯曲时不发生变化。(　　)

6. 同步带传动主要应用于高速、高精度的中小功率传动中。(　　)

7. 通常带传动的单级传动比≤5。(　　)

8. 带轮的结构取决于带轮基准直径的大小，基准直径越大，越应做成实心式。(　　)

9. 使用张紧轮调整带时，张紧轮一般布置在松边外侧，同时应尽量靠近小带轮。(　　)

10. 每根 V 带的顶面都压印有标记，由带型、基准长度和标准编号组成。(　　)

11. Y 形 V 带所能传递的功率最大。(　　)

12. V 带传动中，其他条件不变，则中心距越大，承载能力越大。(　　)

13. 带传动一般用于传动的高速级。(　　)

14. 带传动的小轮包角越大，承载能力越大。(　　)

15. 选择带轮直径时，直径越小越好。(　　)

三、单选题

1. 普通 V 带型号的选择与________有关。

A. 计算功率 P_d

B. 小带轮转速 n_1

C. 大带轮转速 n_2、计算功率 P_d 和小带轮转速 n_1

D. 传动比

2. 带传动不能保证精确的传动比是由于________。

A. 带和带轮间的摩擦力不够

B. 带易磨损

C. 带的弹性滑动

D. 初拉力不够

3. 为合理利用带的承载能力，带速一般应在________范围内选取。

A. 5 ～ 25 m/s

B. 25 ～ 35 m/s

C. 35 ～ 45 m/s

D. 45 ～ 50 m/s

4. 某机床 V 带传动中有 4 根胶带，工作较长时间后，有一根产生疲劳撕裂而不能继续使用，应________。

A. 更换已撕裂的一根

B. 更换 2 根

C. 更换 3 根

D. 全部更换

5. 带在工作时产生弹性滑动的原因是________。

A. 带绕过带轮时产生弯曲

B. 带与带轮间的摩擦系数偏小

C. 带是弹性体，带的松边与紧边的拉力不等

D. 带绕经带轮时产生离心力

6. 家用洗衣机应用________带。

A. 平

B. V

C. 同步

D. 圆形

7. 带传动采用张紧轮的目的是________。

A. 减轻带的弹性滑动

B. 延长带的寿命

C. 改变带的运动方向

D. 调节带的初拉力

8. 工厂中广泛使用 V 带传动，其带轮材料大多选用________。

A. 工程塑料

B. 铝合金

C. 铸铁

D. 钢板焊接

9. 主动轮上带轮直径较小，所以一般选用________。

A. 实心轮

B. 腹板式

C. 孔板式

D. 椭圆轮辐式

10. 普通 V 带是标准件，按截面尺寸分为________种型号。

A. 5

B. 7

C. 9

D. 12

11. 以下特点中属于带传动的是________。

A. 结构复杂，不适宜于两轴中心距较大的场合

B. 富有弹性，能缓冲，吸振，传动平稳，噪声低

C. 外廓尺寸紧凑，传动效率较高

D. 过载时能打滑，起安全保护作用，并能保持准确的传动比

12. 带传动时，其动力和运动是依靠________来传递。

A. 主动轴的动力

B. 外力

C. 带与带轮的摩擦力

D. 主动轴的转矩

13. 带传动中一般要求包角大于或等于________。

A. 60°

B. 180°

C. 120°

D. 90°

14. 下图所示的是使用了张紧轮装置张紧后 V 带传动示意图，其中正确的是________。

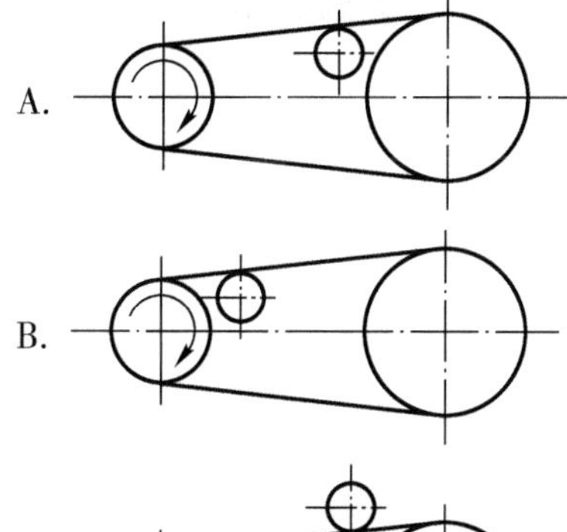

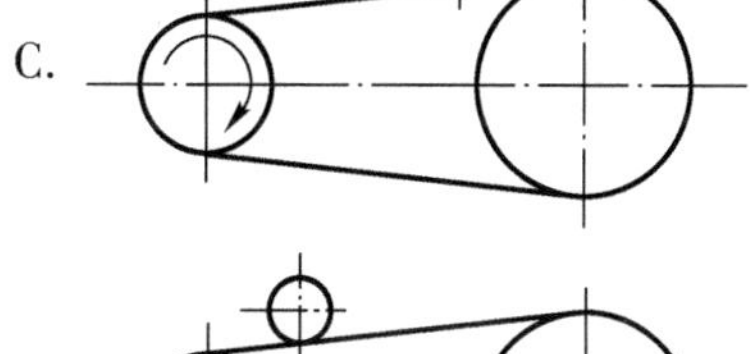

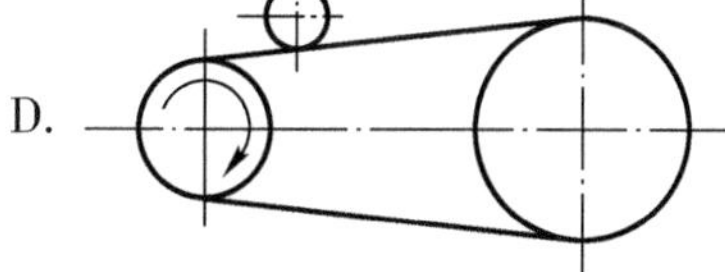

15. 如图所示为带安装后，带在槽中的三个位置，正确的位置是________。

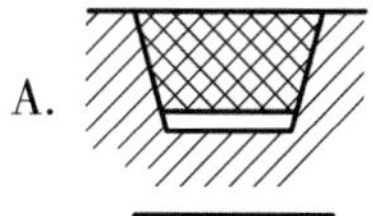

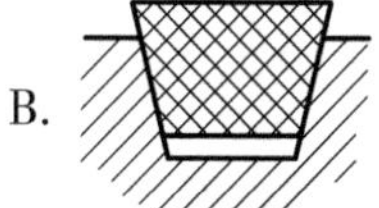

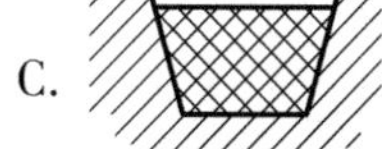

D. 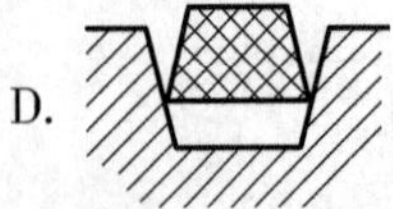

16. 当圆周速度 $v<20\,m/s$ 时，带轮材料可选用________。

A. 铸铁

B. 铸钢

C. 轻合金

D. 木材或工程塑料

17. 数控机床的进给传动中，为了获得较为准确的传动比，应选择________带。

A. 平

B. V

C. 同步

D. 圆形

18. 为了使带与轮槽更好的接触，轮槽楔角应________V 带截面的楔角。

A. 小于

B. 大于

C. 等于

19. 属于啮合传动类的带传动是________。

A. 平带传动

B. V 带传动

C. 圆带传动

D. 同步带传动

20. 普通 V 带传动中，V 带的楔角 α 是________。

A. 34°

B. 36°

C. 38°

D. 40°

四、简答题

1. 带传动有哪些应用，请举例。

2. 与平带相比，普通 V 带传动有何优点？

3. 带传动中的打滑与弹性滑动有何区别？它们对传动有何影响？

4. V 带传动的主要失效形式有哪些？

5. V 带传动张紧的目的是什么？常用的张紧方法有哪些？

6. 带轮及传动带是怎么安装的，要注意些什么？

7. 带的根数太多有何不好？怎么解决？

8. 包角过小有何不好？怎么解决？

9. 自行车用带传动，会出现什么现象？

五、计算题

1. 已知某平带传动，主动轮直径 $D_1 = 80$ mm，转速 $n_1 = 1450$ r/min，要求从动轮转速 n_2 为 290 r/min。试求传动比 i 和从动轮直径 D_2 的大小。

2. 铣床电动机的带轮直径 $D_1 = 125$ mm，从动轮的基准直径 $D_2 = 375$ mm，求传动比 i 是多少？如果电动机的转速 $n_1 = 1620$ r/min，求从动轮的转速 n_2。

第二节 链 传 动

一、填空题

1. 链传动是具有中间挠性件的______________传动。
2. 常用链传动的接头形式有______________锁片和______________销两种。
3. 链传动有______________、______________、______________三种类型。
4. 链条上相邻销轴的轴间距称为______________。
5. 传递动力的链传动装置主要有______________和______________两种形式。
6. 链传动的主要失效形式有______________和______________。
7. 链的长度以______________表示，一般应取为______________数。
8. 链传动工作时，靠______________与______________的啮合来传递运动和动力。
9. 链传动的传动比是链轮的______________之比，也是______________的齿数与

______________与的齿数之比。

10. 滚子链条由若干内链节和外链节依次______________而成。

二、判断题

1. 与链传动相比，带传动不必添加润滑油。(　　)

2. 链传动一般不宜采用垂直布置。(　　)

3. 带传动与链传动相比，由于带传动具有吸振作用，所以应用较广。(　　)

4. 滚子链中，滚子的作用是保证链条与轮齿间的良好啮合。(　　)

5. 链传动的转速较低，可以不用安装防护罩。(　　)

6. 链传动与带传动比较，它的平均传动比较准确。(　　)

7. 滚子链中，两片内链板与套筒采用过盈配合，构成内链节，两片外链板与销轴采用过盈配合，构成外链节。(　　)

8. 通常链节数为偶数，为使配套，链轮齿数也应取偶数。(　　)

9. 为使链轮与链条接触良好，链节能自由进入和退出，国家标准规定齿槽形状为双圆弧齿形。(　　)

10. 链条上的节距越大，结构尺寸越大，承载能力也越强，链传动的稳定性也越强。(　　)

三、单选题

1. 安装中心距应比计算出的实际中心距小 2 ～ 5 mm，其目的是________。

A. 考虑链条在工作后会发生磨损

B. 使安装方便，啮合顺利

C. 使链的松边有一定的垂度，有利减轻冲击

D. 有利改善传动的润滑情况

2. 为了减小链传动的动载荷，在链条节距 p 和小链轮齿数 z_1 一定时，则应该限制________。

A. 传递的功率 P

B. 链条的速度 v

C. 传递的圆周力 F

D. 小链轮的转速 n_1

3. 链传动属于________传动。

A. 具有中间挠性体的摩擦传动

B. 具有中间挠性体的啮合传动

C. 两零件直接接触的啮合传动

D. 两零件直接接触的摩擦传动

4. 滚子链中，滚子的作用是________。

A. 保证链条与链轮齿间啮合良好

B. 缓和冲击

C. 减轻套筒与轮齿间的磨损

D. 增加接触面积

5. 摩托车的传动链选用________。

A. 滚子链

B. 齿形链

C. 销轴链

D. 弯板链

6. 为了防止链传动发生咬链现象，链传动应当保证________。

A. 上松下紧

B. 上紧下松

C. 不紧不松

D. 稍有松弛

7. 新买的自行车经常发生自动掉链的现象，其原因是________。

A. 链条太长

B. 两链轮不在同一平面

C. 润滑不好

D. 链条太短

8. 以下关于链传动的说法不正确的是________。

A. 适用于潮湿、高温、有油气、多灰尘等环境恶劣的场合

B. 传动的平稳性差

C. 没有弹性滑动和打滑现象，所以传动比很准确

D. 链传动按用途不同，可分为起重链、牵引链和传动链。

9. 链传动在安装时应________。

A. 紧边在上、松边在下

B. 紧边在下、松边在上

C. 上、下都是紧边

D. 上、下都是松边

10. 以下不是链传动的张紧方法的是________。

A. 添加润滑剂

B. 增大两轮的中心距

C. 设置张紧轮

D. 链条磨损变长后取掉一两个链节。

四、简答题

1. 链传动有哪些特点？

2. 安装传动链时应注意哪些问题？

五、计算题

1. 有一链传动，已知两链轮的齿数分别为 $Z_1=20$，$Z_2=50$，求其传动比 i；若主动轮转速 $n_1=800\ \text{r/min}$，求其从动轮转速 n_2。

2. 自行车的大链轮的齿数是 48 齿，小链轮的齿数是 20 齿，车轮的直径是 680 mm，求大链轮转动一圈时，自行车前进了多少距离。

第三节　齿 轮 传 动

一、填空题

1. 齿轮的加工方法有______________和______________两种。

2. 加工齿轮轮齿时，不发生根切的最小齿数是______________齿。如果齿数是 12，必须采用______________的加工方式，才不会发生根切的齿形。

3. 齿轮传动的精度由三个方面组成，即传递运动的______________性、传递运动的______________性和载荷分布的______________性。

4. 齿侧隙大小的检查常采用______________法和______________法两种。

5. 在齿数相同的情况下，模数越大，其齿轮分度圆直径越______________。一般常用动力传动齿轮的模数应大于等于______________。

6. 常用齿轮的轮廓曲线是______________线。

7. 直齿圆柱齿轮的基本参数有五个，分别是______________、______________、______________、______________、______________。

8. 常用的齿轮结构有____________、____________、____________、____________。

9. 凡是在轮系运转时，各轮的轴线在空间的位置都______________的轮系称为定轴轮系。

10. 对齿轮传动的基本要求是______________和______________。

11. 齿轮装到轴上后，对于精度要求高的要用百分表检查______________和______________。

12. 一般齿轮接触精度用______________检查。

13. 一般开式齿轮传动通常采用人工定期加油润滑，闭式齿轮传动的润滑方式根据齿轮的圆周速度大小而定，当速度小于 12 m/s 时多采用______________润滑，当速度大于 12m/s 时最好采用______________。

14. 在齿轮的闭式传动中齿轮的失效形式可能是______________和______________，在开式传动中失效形式是可能发生______________和______________。

15. 对齿轮传动润滑时，载荷大、速度低时选用黏度______________的润滑油。

二、判断题

1. 标准齿轮的模数越小，就越容易产生根切。(　　)

2. 一对啮合直齿圆柱齿轮的中心距等于标准中心距，这对齿轮一定是标准齿轮。(　　)

3. 用正火后的 45 钢加工的齿轮可以用在机床变速箱中。(　　)

4. 链传动与齿轮传动均属于啮合传动，两者的传动效率均高。(　　)

5. 一对相互啮合的标准直齿圆柱齿轮的安装中心距变大时，其分度圆压力角也随之变大。(　　)

6. 齿轮传动是靠轮齿的直接啮合来传递运动和动力的。(　　)

7. 轮齿的形状与压力角的大小无关。(　　)

8. 齿轮传动不受任何条件约束，可以选择任何数量的齿数。(　　)

9. 当模数一定时，齿轮齿数越多，几何尺寸越小，承载能力越小。(　　)

10. 齿轮传动的效率高，一般可达 95% ～ 99%，工作可靠，寿命长。(　　)

11. 齿轮传动的传动比与中心距 a 无关。(　　)

12. 模数 m 反映了齿轮轮齿的大小，模数越大，轮齿越大，齿轮的承载能力越大。(　　)

13. 标准直齿轮的端面齿厚 s 与端面槽宽 e 相等。(　　)

14. 齿面点蚀是开式齿轮传动的主要失效形式。(　　)

15. 斜齿轮的承载能力没有直齿轮高，所以不能用于大功率传动。(　　)

三、单选题

1. 一对标准直齿圆柱齿轮啮合传动，大小两齿轮的齿根圆和齿厚相比较，结论是________。

A. 大齿轮的厚

B. 齿根圆齿厚相同

C. 小齿轮的厚

D. 视具体情况而定

2. 下列材料中，________适用于制造承受载荷较大又无剧烈冲击的齿轮。

A. 45 钢正火

B. 40Cr 表面淬火

C. 20CrMnAlA 渗碳淬火

D. 38CrMoAlA 氮化

3. 某外啮合标准直齿圆柱齿轮传动的中心距为 200 mm，其中有个齿轮丢失，测得另一个齿轮的齿顶圆直径为 80 mm，齿数为 18，试问丢失齿轮的齿数为________。

A. 82

B. 32

C. 62

D. 42

4. 下列传动中，可以用于两轴相交的场合是________。

A. 链传动

B. 直齿圆柱齿轮传动

C. 直齿圆锥齿轮传动

D. 蜗杆传动

5. 一外啮合标准直齿圆柱齿轮传动，已知：$z_1=20$，$z_2=40$，中心距 $a=90$ mm，试问小齿轮的分度圆直径为________。

A. 30 mm

B. 60 mm

C. 90 mm

D. 120 mm

6. 标准直齿渐开线圆柱齿轮的压力角为________。

A. 15°

B. 14.5°

C. 20°

D. 25°

7. 下列传动中，________润滑条件最好，灰和沙不易进入，安装精确，是应用最广泛的传动。

A. 开式齿轮传动

B. 闭式齿轮传动

C. 半开式齿轮传动

D. 半闭式齿轮传动

8. 当齿轮的分度圆半径 r 为________mm 时，齿轮就转化为齿条。

A. 100

B. 1 000

C. 10 000

D. ∞

9. 下列属于直齿圆柱齿轮基本参数的是________。

A. 模数

B. 分度圆直径

C. 齿距

D. 齿厚

10. 以下哪种生产渐开线齿轮的方法会产生根切现象。________

A. 铸造法

B. 展成法

C. 冲压法

D. 热轧法

11. 齿轮传动中，在短时过载或强烈冲击下，齿轮常见的失效形式是________。

A. 轮齿折断

B. 齿面磨损

C. 齿面胶合

D. 齿面点蚀

12. 圆锥齿轮传动适用于________传动。

A. 相交轴

B. 平行轴

C. 交错轴

D. 阶梯轴

13. 有一标准直齿圆柱齿轮，模数为 2 mm，齿数为 32，那么齿顶圆直径为________mm。

A. 60

B. 64

C. 68

D. 59

14. 已知下列标准直齿圆柱齿轮，齿轮 1：$z_1=72$，$d_{a1}=222$ mm；齿轮 2：$z_2=72$，$h_2=22.5$ mm；齿轮 3：$z_3=22$，$d_{f3}=156$ mm；齿轮 4：$z_4=22$，$d_{a4}=240$ mm；可以正确啮合的一对齿轮是________。

A. 齿轮 1 和齿轮 2

B. 齿轮 1 和齿轮 3
C. 齿轮 2 和齿轮 4
D. 齿轮 3 和齿轮 4

15. 一般开式齿轮传动的主要失效形式是________。
A. 齿面点蚀
B. 齿面胶合
C. 齿面磨损
D. 塑性变形

16. 齿轮传动时，轮齿之间的接触状态属于________副连接。
A. 低
B. 高
C. 转动
D. 移动

17. 齿轮的齿点蚀一般发生在齿面的________。
A. 顶部
B. 根部
C. 分度线附近
D. 全齿皆有可能

18. 能保持瞬时传动比恒定的传动是________。
A. 带传动
B. 齿轮传动
C. 链传动
D. 摩擦轮传动

19. 要求两轴平行，相距较远，功率较大，对瞬时传动比要求不严格，工作环境恶劣的场合可选用________。
A. 齿轮传动
B. 带传动
C. 链传动
D. 蜗杆传动

20. 模数 m ________。
A. 等于齿距除以圆周率所得的商
B. 一定时，齿轮的几何尺寸与齿数无关
C. 是一个无单位的量
D. 在齿轮几何尺寸中一点也不重要

四、简答题

1. 说明直齿圆柱齿轮正确啮合的条件。

2. 齿轮传动有哪些特点？

3. 简述齿轮加工根切现象及危害。怎样避免根切现象？

4. 齿轮的失效形式有哪些？

5. 试列举出三种将转动变成直动的机构。

五、计算题

1. 若已知相啮合的一对标准直齿圆柱齿轮传动，传动比 $i=3$，中心距 $a=200$ mm，模数 $m=5$ mm，试求两齿轮的齿数 z_1、z_2。

2. 有一对标准直齿圆柱齿轮，$z_1=20$，$z_2=54$，$m=3$ mm，标准压力角为 20°，试计算这对齿轮的分度圆直径、齿顶圆直径、齿根圆直径、全齿高、齿厚和中心距。

第四节　蜗 杆 传 动

一、填空题

1. 蜗杆传动用于传递______________的两轴之间的运动和转矩。

2. 蜗杆传动的主要特点是传动比______________。

3. 根据蜗杆的形状，蜗杆传动分为______________传动和______________传动。

4. 常用蜗杆的头数为______________，用于自锁作用的蜗杆应选用______________头。

5. 蜗杆在低、中速时可采用______________钢，高速时采用______________调质后表面淬火，或采用______________渗碳淬火。

6. 蜗杆传动的主要失效形式为______________、______________、______________。

7. 蜗杆传动由______________、______________和机架组成，只能以______________为主动件，______________为从动件。

8. 蜗轮的材料主要采用________，蜗轮的结构有________和________两种。

9. 当蜗杆螺纹部分的直径不大时，一般蜗杆与轴做成一体，称为________。

10. 蜗杆传动的失效主要是________的失效。

二、判断题

1. 由于蜗杆的导程角较大，所以具有自锁功能。(　　)

2. 在蜗杆传动中，主动件一定是蜗杆，从动件一定是蜗轮。(　　)

3. 蜗杆传动因传动效率较高，常用于功率较大或连续工作的场合。(　　)

4. 蜗杆传动正确啮合的条件是蜗轮蜗杆的模数相等、压力角相等、蜗轮的螺旋角等于蜗杆的导程角。(　　)

5. 蜗杆传动的传动比是蜗轮齿数与蜗杆头数之比，也等于蜗轮与蜗杆的分度圆直径之比。(　　)

6. 蜗杆与轴可做成一体，称为蜗杆轴。(　　)

7. 当蜗轮为主动件时蜗杆具有自锁作用。(　　)

8. 蜗杆传动由蜗杆、蜗轮和机架组成，传递两空间交错轴间的运动和动力，交错角一般为90°。(　　)

9. 单头蜗杆主要用于传动比较大的场合，多头蜗杆主要用于传动比不大和要求效率较高的场合。(　　)

10. 在闭式传动中，蜗轮的失效形式主要是磨损，在开式齿轮传动中，失效形式主要是胶合和点蚀。(　　)

三、单选题

1. 手动简单起重设备中的蜗杆传动，一般应采用________的蜗杆。

   A. 单头，小导程角

   B. 多头，小导程角

   C. 单头，大导程角

   D. 多头，大导程角

2. 计算蜗杆传动的传动比时，公式________是错误的。

   A. $i=\omega_1/\omega_2$

   B. $i=n_1/n_2$

   C. $i=d_2/d_1$

   D. $i=z_2/z_1$

3. 铸铁蜗轮和直径小于100 mm的青铜蜗轮，宜采用________结构。

   A. 整体式

   B. 压配式

   C. 螺栓连接式

   D. 浇注式

4. 下列说法正确的是________。

   A. 蜗杆传动中，可以以蜗杆为主动件也可以以蜗轮为主动件

B. 常用的圆柱蜗杆传动的蜗杆为渐开线蜗杆

C. 要求自锁的蜗杆必须采用多头蜗杆

D. 蜗轮的转向可由蜗杆的转向和螺旋线方向用左、右手定则来判断

5. 尺寸较大或磨损后需更换齿圈的蜗轮，宜采用________结构。

A. 整体式

B. 压配式

C. 螺栓连接式

D. 浇注式

6. 比较理想的蜗杆与蜗轮的材料组合是________。

A. 钢和青铜

B. 钢和钢

C. 钢和铸铁

D. 青铜和青铜

7. 当要求蜗杆具有较高的传动效率时，蜗杆的头数可以取________。

A. $z_1=1$

B. $z_1=2\sim3$

C. $z_1=4$

D. $z_1=5$

8. 与齿轮传动相比，蜗杆传动的主要优点是________。

A. 传动比大，结构紧凑

B. 传动平稳无噪声

C. 传动效率高

D. 可自锁，有安全保护作用

9. 提高蜗杆传动的箱体散热能力的措施，以下不正确的是________。

A. 风扇冷却

B. 蛇管冷却

C. 冷却器冷却

D. 不断添加润滑油

10. 以下不是蜗杆传动的特点的是________。

A. 传动平稳

B. 能获得较大的传动比

C. 不能实现自锁

D. 成本较高

四、简答题

1. 蜗杆传动有哪些特点？

2. 判断图 7-4-1 中蜗杆、蜗轮的转向或蜗杆的旋向，在图中注明。

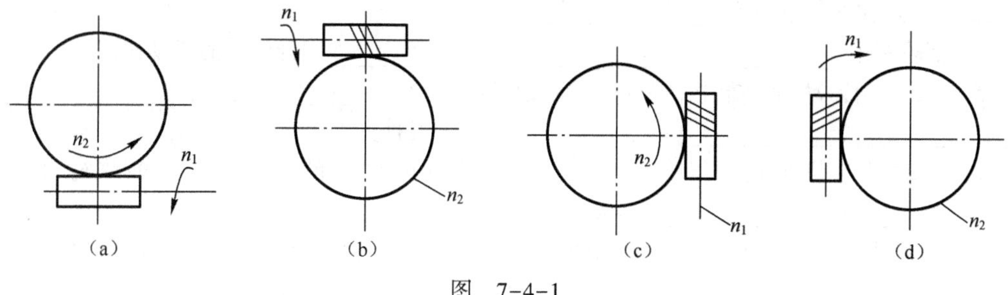

图 7-4-1

3. 蜗杆与蜗轮的正确啮合条件是什么？

第五节 齿轮系与减速器

一、填空题

1. 由一系列相互啮合的齿轮组成的传动系统称为______________。

2. 在齿轮系运转中，如果所有齿轮的几何轴线相对于机架的位置都是固定的，称为______________。

3. 在齿轮系的运转中，至少有一个几何轴线相对于机架的位置是变化的，且绕某一固定轴线回转，这样的轮系称为______________。

4. 把轮系中____称为轮系的传动比。

5. 按照传动和结构特点，减速器分为______________、______________、______________、______________、______________五种类型。

6. 传动时各齿轮的______________在空间的相对位置是否固定，可将轮系分为______________和______________两大类。

7. 轮系中的惰轮只改变从动轮的______________，而不改变主动轮与从动轮的______________大小。

8. 平行轴的定轴轮系中，若外啮合的齿轮副数量为偶数时，轮系首轮与末轮的回转方向______________；为奇数时，首轮与末轮的回转方向______________。

9. 定轴轮系的传动比等于组成该轮系中各级齿轮副中______________轮齿数的连乘积与各级齿轮副中______________轮齿数的连乘积之比。

10. 在定轴轮系平行轴圆柱齿轮传动的轮系传动比计算中，若计算为正，两轮回转方向______________，结果为负，两轮回转方向______________。

二、判断题

1. 轮系传动既可用于相距较远的两轴间传动，又可获得较大的传动比。(　　)

2. 轮系中的某一个中间齿轮，既可以是前级齿轮副的从动轮，又可以是后一级齿轮副的主动轮。(　　)

3. 轮系可以分为定轴轮系和周转轮系。其中，差动轮系属于定轴轮系。(　　)

4. 轮系中的惰轮可以改变从动轮的转向和轮系传动比的大小。(　　)

5. 在行星轮系中，可以有两个以上的中心轮转动。(　　)

6. 定轴轮系不可以把旋转运动变为直线运动。(　　)

7. 平行轴传动的定轴轮系传动比计算公式中的 $(-1)^m$ 的指数 m 表示轮系中相啮合的圆柱齿轮的对数。(　　)

8. 一对外啮合的齿轮传动，两轮的转向相同，传动比取正值。(　　)

9. 减速器常用于原动机与工作机之间，作为减速的传动装置。(　　)

10. 利用齿轮中的惰轮或锥齿轮机构，可改变从动轴的转向。(　　)

11. 加奇数个惰轮，主动轮与从动轮的回转方向相同。(　　)

12. 采用轮系传动可以实现无级变速。(　　)

13. 轮系传动可用于相距较远的两轴间传动。(　　)

14. 轮系的传动比等于末轮齿数与首轮齿数之比。(　　)

15. 定轴轮系可以用画箭头法表示各轮转向。(　　)

三、单选题

1. 当两轴相距较远且要求传动比准确，应采用________。

A. 带传动

B. 链传动

C. 轮系传动

D. 蜗杆传动

2. 定轴轮系传动比的大小与轮系中惰轮的齿数________。

A. 有关

B. 无关

C. 成正比

D. 成反比

3. 定轴齿轮系有下列情况：①所有齿轮轴线都不平行；②所有齿轮轴线平行；③首末两轮轴线平行；④所有齿轮都是圆柱齿轮；⑤所有齿轮之间外啮合。其中有________适用$(-1)^m$（m 为外啮合次数）决定传动比的正负号。

A. 1 种

B. 2 种

C. 3 种

D. 4 种

4. 轮系可以分为________两种类型。

A. 定轴轮系和差动轮系

B. 差动轮系和行星轮系

C. 定轴轮系和复合轮系

D. 定轴轮系和行星轮系

5. 图 7-5-1 所示标准齿轮组成的齿轮系中，轮 3 为内齿轮，轮 1 转向如图 7-5-1 所示。已知 z_1 和 z_3，则轮 2 齿数 z_2 和轮 3 转向________。

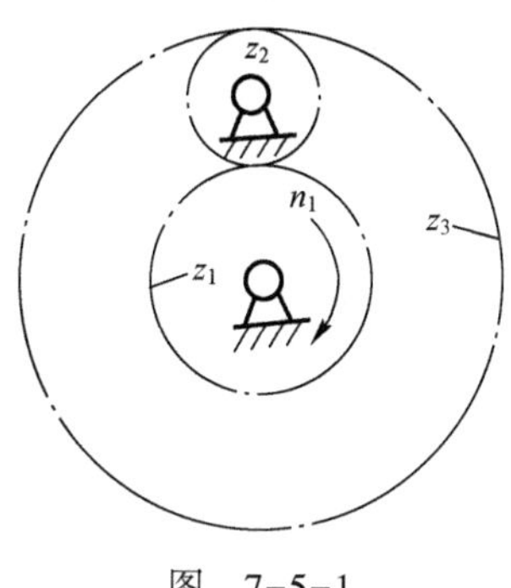

图 7-5-1

A. $z_2=z_3-z_1$，轮 3 顺时针方向转

B. $z_2=(z_3-z_1)/2$，轮 3 逆时针方向转

C. $z_2=z_3-z_1/2$，轮 3 顺时针方向转

D. $z_2=z_3-z_1/2$，轮 3 逆时针方向转

6. 在轮系中，若每个齿轮的几何轴线在空间的位置都是固定不变的，则称为________。

A. 定轴轮系

B. 周转轮系

C. 行星轮系

D. 差动轮系

7. 关于惰轮的说法正确的是________。

A. 既影响轮系的传动比，又改变从动轴的转向

B. 只影响轮系的传动比，不改变从动轴的转向

C. 既不影响轮系的传动比，又不改变从动轴的转向

D. 不影响轮系的传动比，但改变从动轴的转向

8. 换挡变速时，汽车不能停止运动，它是用________来快速变换齿轮啮合位置的。

A. 联轴器

B. 离合器

C. 减速器

D. 分动器

9. 以下是齿轮系的优点是________。

A. 获得大的传动比

B. 实现变速

C. 较近距离的传动

D. 实现换向

10. 凡具有________自由度的周转轮系，称差动轮系。

A. 1 个

B. 2 个

C. 3 个

D. 4 个

11. 汽车前进和倒退的实现是利用了轮系中的________。

A. 主动轮

B. 从动轮

C. 惰轮

D. 末端齿轮

12. 定轴轮系的传动比大小与惰轮的齿数________。

A. 有关

B. 无关

C. 成正比

D. 成反比

13. 在由一对外啮合直齿圆柱齿轮组成的传动中，若增加________个惰轮，则使其主、从动轮的转向相反。

A. 偶数

B. 奇数

C. 二者都是

D. 二者都不是

14. 定轴轮系中各齿轮的几何轴线位置都是（　　）。

A. 固定的

B. 活动的

C. 相交的

D. 交错的

15. 定轴轮系的传动比等于所有________齿数的连乘积与所有主动轮齿数的连乘积之比。

A. 从动轮

B. 主动轮

C. 惰轮

D. 齿轮

四、简答题

简述齿轮系的传动特点。

五、计算题

1. 下图 7-5-2 所示为一电动提升装置，其中各轮齿数均为已知，试求传动比 i_{15}，并画出当提升重物时电动机的转向。

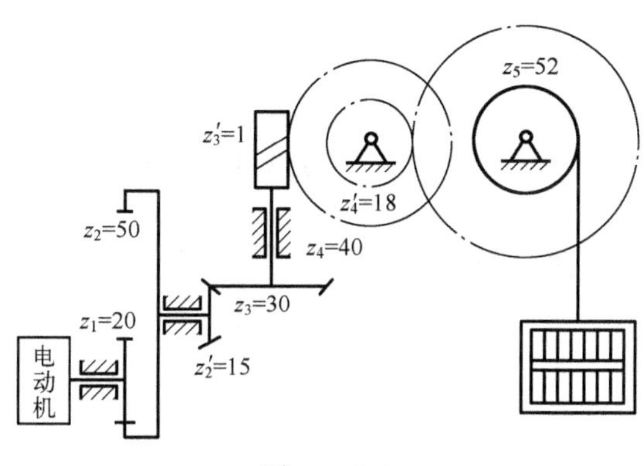

图 7-5-2

2. 在下图 7-5-3 所示的轮系中，各轮齿数 $z_1=32$，$z_2=34$，$z_2'=36$，$z_3=64$，$z_4=32$，$z_5=17$，$z_6=24$，均为标准齿轮传动。轴 1 按图 7-5-3 所示方向以 1 250 r/min 的转速回转，而轴Ⅵ按图示方向以 600 r/min 的转速回转。求轮 3 的转速 n_3。

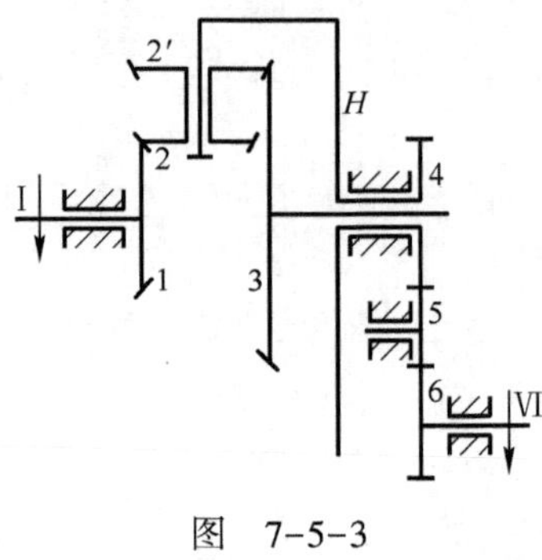

图　7-5-3

3. 如图 7-5-4 所示为驱动输送带的行星减速器，动力由电动机输给轮 1，由轮 4 输出。已知 $z_1=18$、$z_2=36$、$z_2'=33$、$z_3=90$、$z_4=87$，求传动比 i_{14}。

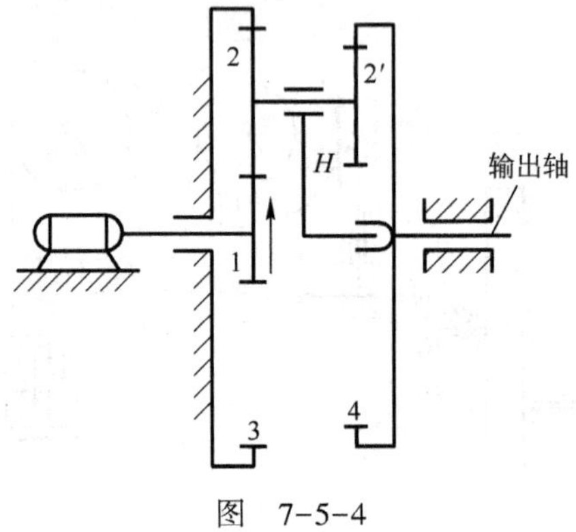

图　7-5-4

第八章 支承零部件

基本内容

轴的类型及常用材料；轴的分类；滑动轴承的结构类型及特点；轴瓦的材料与结构；滑动轴承的润滑；滚动轴承的类型及特点，滚动轴承的代号；滚动轴承的失效形式。

学习要求

了解轴的类型及特点；了解滑动轴承的典型结构；掌握按工作条件选择滚动轴承的型号；了解轴承的润滑方式和润滑装置。

第一节　轴

一、填空题

1. 轴的结构包括______________、______________、______________。

2. 按轴承受的载荷，可将轴分为______________、______________、______________；按轴线形状，可将轴分为______________、______________、______________。

3. 轴的主要材料是______________和______________。

4. 轴上需要磨削的轴段应设置______________槽，需要车削螺纹的轴段应有______________槽，轴端应有______________角，轴径变化处应有______________角。

5. 支承回转运动零部件的重要零件是______________。

6. 轴上安装的零件有确定的位置，所以要对轴上的零件进行______________固定和______________固定。

7. 工作时既承受弯矩又承受转矩的轴称为______________。

8. 在轴的结构设计中，增大轴的过渡圆角半径，是为了______________。

9. 自行车的中轴是______________轴，而前轮轴是______________轴。

10. 轴设计的主要内容包括______________和______________。

二、判断题

1. 轴肩的主要作用是实现轴上零件的轴向固定。(　　)

2. 转轴用于传递动力，只承受转矩而不承受弯矩或承受弯矩很小。(　　)

3. 心轴用来支承回转零件，只承受弯矩而不传递动力。(　　)

4. 按轴线形状不同，轴可分为直轴和曲轴。(　　)

5. 阶梯轴具有便于轴上零件安装和拆卸的优点。(　　)

6. 阶梯轴上截面变化的部位称为轴肩，它对轴上零件起定位作用。(　　)

7. 尽量避免各轴段剖面突然改变以降低局部应力集中。(　　)

8. 用来将回转运动转变为往复直线运动或将往复直线运动变为回转运动的轴是直轴。(　　)

9. 轴的常用材料是碳素钢、合金钢和球墨铸铁。(　　)

10. 轴上零件周向固定常用的方法有键、销、花键、螺钉连接等。(　　)

三、单选题

1. 尺寸较大的轴及重要的轴，应采用 ________。

A. 铸造件

B. 锻制毛坯

C. 轧制圆钢

D. 焊接件

2. 只承受扭矩（或弯矩很小）的轴称为________。

A. 传动轴承

B. 心轴

C. 转轴

D. 阶梯轴

3. 某轴用 45 钢制造，刚度不够，采用以下________方法。

A. 改用合金钢

B. 增大轴的横截面积

C. 改用球墨铸铁

D. 进行调质处理

4. 尺寸较小的一般轴，应采用________。

A. 锻制毛坯

B. 轧制圆钢

C. 铸造件

D. 焊接件

5. 一根较重要的轴在常温下工作，应选下列________作为原材料。

A. Q235

B. 45 钢

C. Q275

D. 铝

6. 下列各轴中，________是转轴。

A. 自行车前轮轴

B. 减速器中的齿轮轴

C. 汽车的传动轴

D. 铁路车辆的轴

7. 增大阶梯轴圆角半径的主要目的是________。

A. 使零件的轴向定位可靠

B. 使轴加工方便

C. 降低应力集中，提高轴的疲劳强度

D. 外形美观

8. 轴上零件的轴向定位方法：①轴肩和轴环；②圆螺母；③套筒；④键等。其中________方法是正确的。

A. 1 种

B. 2 种

C. 3 种

D. 4 种

9. 不能使轴上零件周向固定的是________。

A. 紧定螺钉连接

B. 键连接

C. 销连接

D. 轴端挡圈

10. 下列各轴中，________是心轴。

A. 自行车前轮的轴

B. 自行车的中轴

C. 减速器中的齿轮轴

D. 车床的主轴

11. 既支承转动零件又传递动力的轴称________。

A. 挠性轴

B. 心轴

C. 转轴

D. 传动轴

12. 减速器输出轴是________。

A. 心轴

B. 转轴

C. 传动轴

D. 曲轴

13. 轴端倒角是为了________。

A. 装配方便

B. 减少应力集中

C. 便于加工

D. 轴上零件的定位

14. 机床的主轴是机器的________。

A. 动力部分

B. 工作部分
C. 传动部分
D. 控制部分

15. 转轴承受________。
A. 扭矩
B. 弯矩
C. 扭矩和弯矩
D. 剪力

四、分析题

1. 自行车的前轴、中轴、后轴各是心轴还是转轴？

2. 如图 8-1-1 所示为起重机绞车从动齿轮 1 和卷筒 2 与轴 3 相连接的三种形式。图 8-1-1（a）为齿轮与卷筒分别用键固定在轴上，轴两端支架在机座轴承中；图 8-1-1（b）为齿轮与卷筒用螺栓连接成一体，空套在轴上，轴两端用键与机座连接；图 8-1-1（c）为齿轮与卷筒用螺栓连接成一体，用键固定在轴上，轴两端支架在机座轴承中。以上三种形式中的轴分别是心轴、转轴还是传动轴？

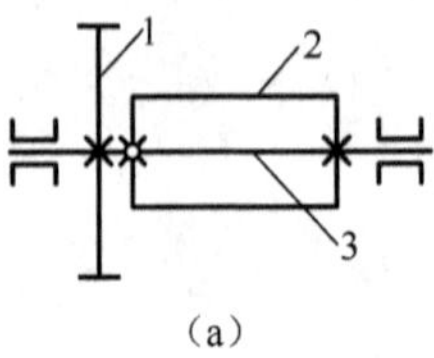

（a）

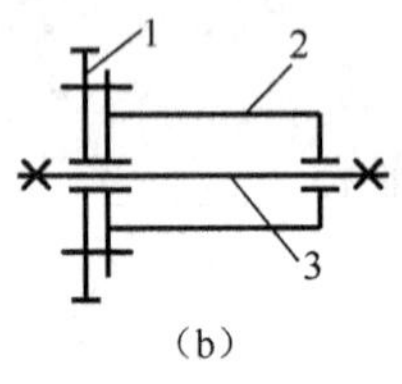

（b）

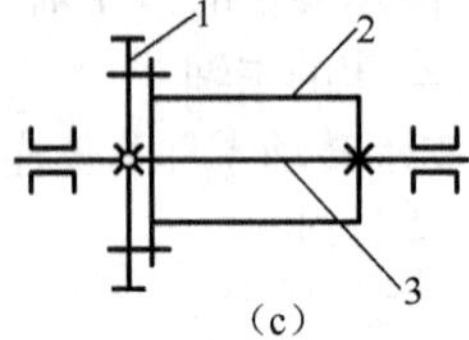

（c）

图 8-1-1
1—从动齿轮；2—卷筒；3—轴

3. 说出三种轴上零件。

4. 说出四种轴上零件轴向或周向固定方法。

第二节　滑 动 轴 承

一、填空题

1. 根据工作时摩擦性质的不同，轴承分为______________和______________。

2. 根据滑动轴承的结构，轴承分为______________和______________。

3. 为改善滑动轴承轴瓦表面的摩擦性能，在内表面浇注一层减摩材料，称为______________。

4. 轴瓦分为______________和______________两种。

5. 按承受载荷方向，滑动轴承分为______________滑动轴承和______________滑动轴承。

6. ______________是用来支承轴或轴上回转零件的部件。

7. 常用的轴承材料有______________、______________、______________和______________。

8. 滑动轴承的轴瓦上的油孔作用供应______________，油沟应开在______________区。

9. 滑动轴承材料应具有：______________、______________、______________、______________、______________等性能。

10. 滑动轴承安装时轴瓦与轴承座孔要贴实，轴瓦剖分面要______________轴承座接合面0.05~0.10mm。

二、判断题

1. 对于轻载、高速的滑动轴承，宜用黏度高的润滑油润滑。(　　)
2. 润滑油的黏度越大，则摩擦阻力越小。(　　)
3. 径向滑动轴承是不能承受轴向力的。(　　)
4. 润滑油的黏度将随着温度的升高而降低。(　　)
5. 整体式滑动轴承的轴套磨损后，轴颈与轴套之间的间隙可以调整。(　　)
6. 对粗重的轴或具有中间轴颈的轴，选择向心滑动轴承中的整体式滑动轴承。(　　)
7. 整体式轴瓦一般在轴套上开有油孔和油沟，以便润滑。(　　)
8. 滑动轴承安装时要保证轴颈在轴承孔内转动灵活、准确、平稳。(　　)
9. 轴瓦上的油沟应开在非承载区。(　　)
10. 整体式滑动轴承结构简单，造价低廉，适用于低速、轻载和间歇工作场合。(　　)

三、单选题

1. 滑动轴承的效率和使用寿命，主要取决于轴瓦及轴衬材料的________。

A. 导热性、耐腐蚀性
B. 减摩性、耐磨性
C. 加工性、跑合性
D. 塑性、脆性

2. 剖分式滑动轴承的性能特点是________。
A. 能自动调心
B. 装拆方便，轴瓦与轴的间隙可以调整
C. 结构简单，制造方便
D. 装拆不方便，装拆时必须做轴向移动

3. 径向滑动轴承可以________。
A. 承受轴向载荷
B. 承受径向载荷
C. 同时承受径向载荷和轴向载荷
D. 不能确定

4. 如果轴承较宽或轴的刚性较差，当轴受径向力时，要求轴承能自动适应轴的变形，应选________轴承。
A. 整体式径向滑动轴承
B. 剖分式径向滑动轴承
C. 调心径向滑动轴承
D. 止推滑动轴承

5. 不完全液体润滑滑动轴承的主要失效形式是________。
A. 疲劳点蚀
B. 磨损和胶合
C. 塑性变形
D. 轴瓦产生裂纹

6. 滑动轴承的适用场合是________。
A. 载荷变动
B. 承受极大的冲击和振动载荷
C. 要求结构简单
D. 工作性质要求不高、转速较低

7. 为保证润滑油的引入并均匀分配到轴颈上，油槽应开设在________。
A. 承载区
B. 非承载区
C. 端部
D. 轴颈与轴瓦的最小间隙处

8. 按工作时摩擦性质的不同，轴承分为________。
A. 滑动轴承和滚动轴承
B. 径向轴承和推力轴承
C. 整体式轴承和对开式轴承
D. 向心轴承和角接触轴承

9. 轴瓦与轴承座采用________。

A. 间隙配合

B. 过盈配合

C. 过渡配合

D. 任意配合

10. 以下不能做轴衬和轴瓦材料的是________。

A. 轴承合金

B. 铜合金

C. 粉末冶金

D. 低碳钢

四、简答题

滑动轴承的安装与维护要注意哪些问题？

第三节 滚动轴承

一、填空题

1. 滚动轴承按滚动体的形状可分为______________轴承和______________轴承。

2. 当载荷小而稳定时宜选用______________轴承，载荷大且有冲击时宜选用______________轴承。

3. 滚动轴承的基本代号由______________、______________、______________构成。

4. 滚动轴承的滚动体与座圈为点线接触的______________副连接，所以其使用寿命比滑动轴承______________。

5. 滚动轴承常见的失效形式有______________、______________、______________、______________。

6. 滚动轴承按其所能承受的载荷方向或公称接触角的不同，分为______________、______________；按其工作时能否调心分为______________、______________。

7. 滚动轴承一般由______________、______________、______________、______________组成 。

8. 轴承6308，其代号表示的意义为____。

9. 具有良好的调心作用的球轴承的类型代号是______________。

10. 6208、N208、3208 和 51208 四个轴承中，只能承受径向载荷的是______________，只能承受轴向载荷的是______________。

二、判断题

1. 圆锥滚子轴承的内外圈可以分离，安装调整方便，一般应成对使用。(　　)
2. 结构尺寸相同时，滚子轴承比球轴承承载力强。(　　)
3. 圆柱滚子轴承能够承受一定的轴向载荷。(　　)
4. 推力滚动轴承仅能承受轴向载荷。(　　)
5. 滚动轴承基本代号右起第一、二位数表示轴承内径代号，除内径为 22 mm、28 mm、32 mm及 500 mm 以上的轴承，其内径大小为该两位数乘以 5。(　　)
6. 滚动轴承与滑动轴承相比，其优点是启动及运转时摩擦力矩小，效率高。(　　)
7. 6210 深沟球轴承代号中的 2 表示内径。(　　)
8. 滚动轴承是标准件，由标准件厂专业生产，只要提供标准可从市场上购买到。(　　)
9. 由于滚动轴承是标准件，其内圈与轴颈的配合必须采用基孔制。(　　)
10. 滚动轴承一般由内圈、外圈、滚动体和保持架组成。(　　)

三、单选题

1. 6312 轴承内圈的内径是________。
   A. 12 mm
   B. 312 mm
   C. 6 312 mm
   D. 60 mm
2. 可同时承受径向载荷和轴向载荷，一般成对使用，允许有一定转角，用于轴刚性好、转速高及有轴向载荷的场合的是________。
   A. 深沟球轴承
   B. 角接触球轴承
   C. 调心球轴承
   D. 圆锥滚子轴承
3. 7210AC 表示________。
   A. 角接触球轴承
   B. 推力球轴承
   C. 深沟球轴承
   D. 双列深沟轴承
4. 下列轴承中，________不宜用来同时承受径向载荷和轴向载荷。
   A. 深沟球轴承
   B. 角接触球面轴承
   C. 推力球轴承
   D. 圆锥滚子轴承
5. 角接触轴承承受轴向载荷的能力，主要取决于________。
   A. 轴承宽度

B. 滚动体数目

C. 轴承精度

D. 公称接触角大小

6. 滚动轴承与滑动轴承相比，其优点是________。

A. 承受冲击载荷能力好

B. 高速运转时噪声小

C. 启动及运转时摩擦力矩小

D. 径向尺寸小

7. 深沟球轴承宽度系列为 0、直径系列为 2、内径为 40 mm，其代号为________。

A. 61208

B. 6208

C. 6008

D. 6308

8. 深沟球轴承主要应用场合是________。

A. 有较大的冲击

B. 同时承受较大的轴向载荷和径向载荷

C. 长轴或变形较大的轴

D. 主要承受径向载荷且转速较高

9. 下列轴承中，可同时承受以径向载荷为主的径向和轴向载荷的是________。

A. 深沟球轴承

B. 角接触轴承

C. 圆锥滚子轴承

D. 调心球轴承

10. 以下________是滚动轴承的正常失效形式。

A. 疲劳点蚀

B. 保持架破损

C. 滚动体破碎

D. 套圈断裂

四、简答题

1. 滚动轴承与滑动轴承相比有什么优势？

2. 滚动轴承在装拆时应注意哪些问题？

3. 选择轴承类型时要考虑哪些因素？

4. 试写出 7208 轴承的类型、直径系列和公称内径。

第九章 机械的节能环保与安全防护

基本内容

机械的节能环保与安全防护知识

学习要求

了解机械的节能环保与安全防护知识，具备改善润滑、降低能耗、减小噪声等方面的基本能力。

第一节 机械润滑常识

一、填空题

1. 润滑剂的作用是______________和______________。

2. 润滑脂的主要性能指标是______________和______________。

3. 润滑油的主要性能指标是______________、______________、______________、______________、______________、______________。

4. 常用的润滑脂有钙钠基和钠基两种，钙钠基呈微______________色，其耐______________性和耐______________性均较好，所以应用最广，俗称“黄油”。

5. 润滑管理的“五定”指______________、______________、______________、______________、______________。

6. ______________是润滑油最重要的性能指标，它指润滑油抵抗剪切变形的能力。

7. 润滑油的牌号按油的______________划分，分为20种，牌号数字越大，油黏度越高。

8. 根据外形，润滑剂分为油状______________、油脂状______________和______________。

9. 滚动轴承的润滑多采用______________润滑。

10. 油润滑的方法主要有______________、______________、______________、______________、______________、______________。

二、判断题

1. 转速较高时，应选用针入度较大的润滑脂润滑。(　　)
2. 黏度随温度的升高而降低，随压力的升高而增大。(　　)
3. 油性是指润滑油的流动性能，油性越好，流动速度越快。(　　)
4. 利用旋转，将润滑油带到摩擦部位进行润滑的方式称为飞溅润滑。(　　)
5. 使用润滑脂润滑的机械零件可以加入润滑油。(　　)
6. 钠基润滑脂可以应用于有水的工作环境。(　　)
7. 露天工作的大型低速重载齿轮传动应选择脂润滑。(　　)
8. 润滑油的牌号按照油的黏度划分为 20 种。牌号数字越大，油黏度越低。(　　)
9. 为满足不同使用场合的要求，改善润滑油的使用性能，常在润滑油中加入一些添加剂。(　　)
10. 机器在较高温度、较高速度下工作时，应选用抗氧化性好、蒸发损失小、滴点高的润滑脂。(　　)

三、单选题

1. 下列________情况下宜选用低黏度的润滑油。
   A. 高温低速重载
   B. 变载变速经常正反转
   C. 摩擦表面较粗糙
   D. 压力循环润滑
2. 润滑剂分为①液体润滑剂；②半固体润滑剂；③固体润滑剂；④气体润滑剂。一般机械设备中，常采用的润滑剂是________。
   A. ①和②
   B. ②和③
   C. ①和③
   D. ③和④
3. 圆柱齿轮减速器的圆周速度为 2.5 m/s，油浴润滑齿轮。滚动轴承一般用________。
   A. 滴油润滑
   B. 油环润滑
   C. 飞溅润滑
   D. 油雾润滑
4. 有一机器在-20 ℃ ～ 120 ℃温度范围内工作，且工作环境中经常有水蒸气，其轴承应选用________。
   A. 钙基润滑脂
   B. 钠基润滑脂
   C. 锂基润滑脂
   D. 固定润滑剂
5. 机械行业中，目前应用最多的润滑脂是________。
   A. 无机脂

B. 有机脂

C. 皂基脂

D. 烃基脂

6. 滚动轴承采用脂润滑时，润滑脂的充填量为________。

A. 充填满轴承的空隙

B. 充填轴承空隙的 4/5 以上

C. 充填轴承空隙的 3/4 以上

D. 充填量不超过轴承空隙的 1/3 ～ 1/2

7. 不是润滑脂的加脂方式的是________。

A. 人工加脂

B. 脂杯加脂

C. 集中润滑系统供脂

D. 油环润滑

8. 手表或钟表内的齿轮处于闭式传动中，多年才加一次油，你认为应选择________润滑。

A. 润滑油

B. 润滑脂

C. 固体润滑剂

D. 哪种都行

9. 在普通车床、铣床中，齿轮传动大都选用________润滑。

A. 润滑油

B. 润滑脂

C. 固体润滑剂

D. 哪种都行

10. 润滑油抵抗剪切变形的能力是________。

A. 黏度

B. 油性

C. 闪点

D. 凝点

四、简答题

1. 油润滑的常用加油方法和装置有哪几种？

2. 选择润滑油和润滑脂的原则是什么？

第二节　机械密封常识

一、填空题

1. 密封分为______和______两大类。
2. 旋转式密封分为______和______两类。
3. ______密封又称端面密封。
4. 密封的目的是______和______。
5. 非接触式密封主要有______和______。

二、判断题

1. 密封的目的在于阻止润滑剂和工作介质泄露，防止灰尘、水分等杂物侵入机器。(　　)
2. 两零件结合面间没有相对运动的密封称为动密封。(　　)
3. 毡圈密封常用于轴线速度低于 10 m/s 的油润滑轴承的密封。(　　)
4. 唇形密封密封效果好，易装拆，主要用于轴线速度小于 20 m/s，工作温度小于 100 ℃的油润滑的密封。(　　)
5. 高速、高压、高温、低温或强腐蚀条件下的转轴密封采用毡圈密封。(　　)
6. 缝隙沟槽密封适用于干燥、清洁环境中脂润滑轴承的外密封。(　　)
7. 各种密封方式只能单独使用才能提高密封效果。(　　)
8. 在机械装置中，为减少振动，可将振动源与机座间设置弹簧、弹簧片来抑制噪声。(　　)
9. 实现动密封的方法：靠结合面加工平整并有一定宽度，加金属或非金属垫圈、密封胶等。(　　)
10. 曲路密封既适用于油润滑又适用于脂润滑。(　　)

三、单选题

1. 毡圈密封的密封原件为毡圈，其截面为______。

A. 梯形

B. 正方形

C. 矩形

D. 圆形

2. 密封类型：①毡圈密封；②唇形密封圈密封；③机械密封；④缝隙沟槽密封；⑤曲路密封。其中有________适合于油润滑。

A. 2 种

B. 3 种

C. 4 种

D. 5 种

3. 图 9-2-1 中，安装唇形密封圈处的轴承盖上有三个均布的小孔，其作用是________。

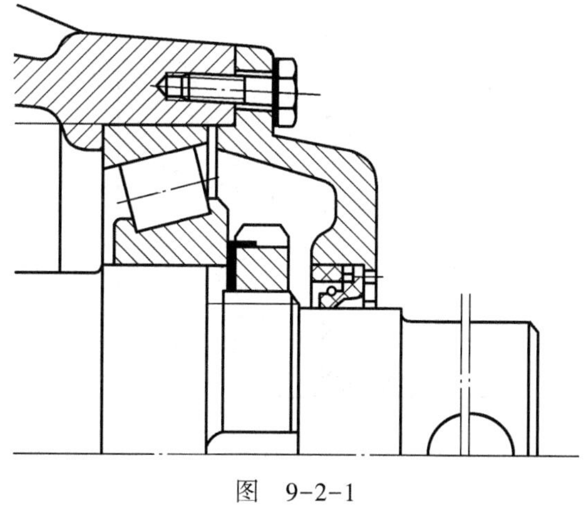

图 9-2-1

A. 制造轴承盖的工艺孔

B. 为了透气

C. 便于安装密封圈

D. 便于拆卸密封圈

4. 轴端密封如下：①毡圈密封；②唇形密封圈密封；③机械密封；④缝隙沟槽密封；⑤曲路（迷宫）密封。其中________属于接触式密封。

A. ①和②

B. ①、②和③

C. ②和⑤

D. ①、②、④和⑤

5. 图 9-2-2 所示唇形密封圈的密封唇朝内的主要目的是________。

A. 防漏油

B. 防灰尘渗入

C. 防漏油又防灰尘

D. 减少轴与轴承盖的磨损

6. 图 9-2-3 所示密封称为________。

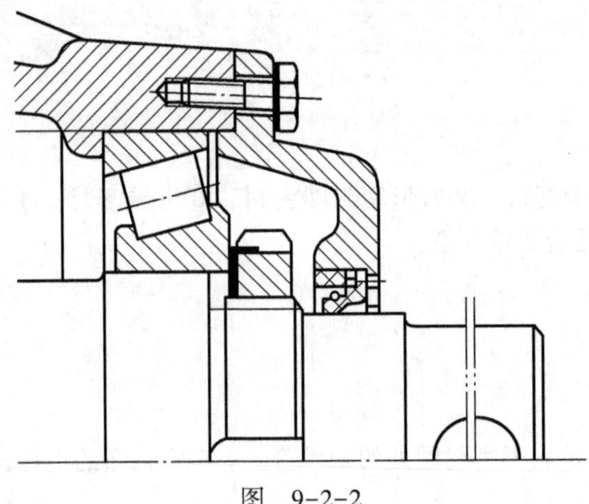
图 9-2-2

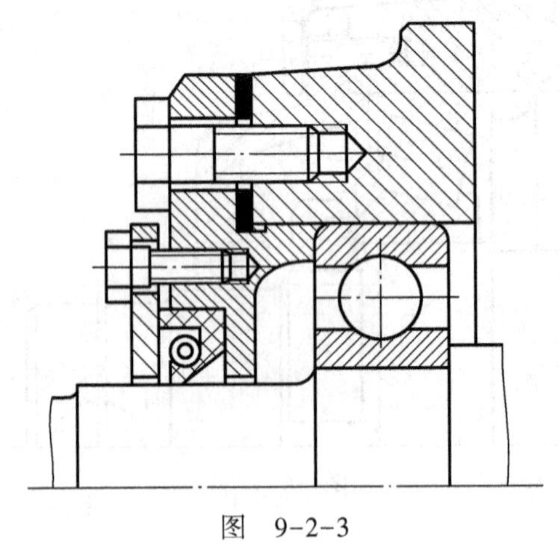
图 9-2-3

A. 毡圈密封

B. 无骨架唇形密封圈密封

C. 有骨架唇形密封圈密封

D. 机械密封

7. 以下不是接触式密封的是________。

A. 毡圈密封

B. 唇形密封圈密封

C. 机械密封

D. 旋转密封

8. 以下不能减少机械三废的是________。

A. 生产过程中注意防止泄露

B. 采用高效发动机，提高燃料利用率

C. 更换下来的机油等送专业部门集中处理

D. 一些废弃物就地在生产区焚烧

9. 既适用于油润滑又适用于脂润滑的密封是________。

A. 缝隙沟槽密封

B. 曲路密封

C. 唇形密封

D. 毡圈密封

10. 以保证人身安全为前提条件，合理使用机械设备，可以从以下________入手。

A. 建立安全制度

B. 采取安全措施

C. 合理包装

D. 以上三种

四、简答题

毡圈密封和唇形密封的使用条件有何不同？曲路密封是怎么实现密封作用的？

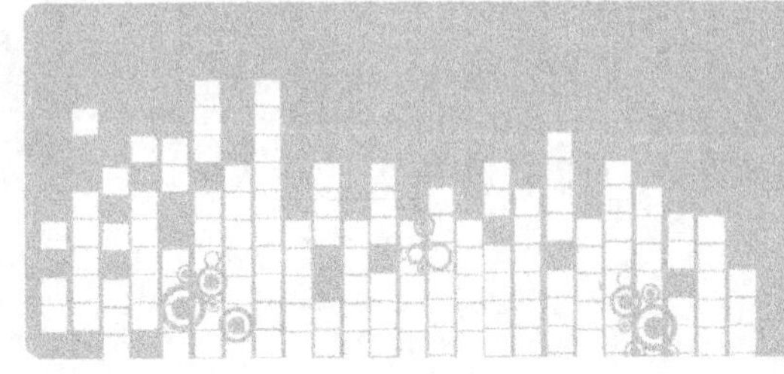

第十章 气压传动与液压传动

基本内容

简述气压传动和液压传动的工作原理及其组成；气压传动和液压传动的特点；说出气缸、各类气压控制阀的使用；了解气压传动、执行、控制元件的名称和作用；识读简单的气压回路图。了解常用的液压元件及液压基本回路。

学习要求

掌握气压传动和液压传动的工作原理、组成及其特点，了解气压传动和液压传动的应用。

第一节　气压传动与液压传动的基本知识

一、填空题

1. 气压传动和液压传动的执行元件都是作________运动的。

2. 气压传动系统由________元件、________元件、________元件和________元件组成。

3. 液压传动以________为动力，以________为工作介质。

4. 常见的活塞式空气压缩机的压力比较小，一般控制在________ MPa 以内。

5. 单位时间内流过某一截面处的液体体积称为________。活塞的运动速度与流量成________比，与截面积成________比。

6. 气压传动的工作原理是，利用________所产生的气压能，在________的控制下，传输给________，控制执行元件________，转化为机械能，完成直线运动。

7. 公交车的开关门和刹车装置都采用________传动技术。自动卸货车和挖掘机都采用________传动。

8. 液压传动的动力元件是________；执行元件是________；控制元件是________，如换向阀、压力阀和流量阀等；工作介质是________；还有一些辅助元件。

9. 液压系统中的工作压力取决于________，执行元件的运动速度与取决于________。

10. 当温度升高时，液压油的黏度________；当压力温度升高时，液压油的黏度________。

二、判断题

1. 液压传动具有承载能力大、可实现大范围内无级变速和获得恒定的传动比。(　　)
2. 液压元件已经系列化和标准化。(　　)
3. 气压传动工作介质是空气，排放在大气中会造成空气污染。(　　)
4. 图形符号图能表示各元件的结构特点。(　　)
5. 气压传动动作迅速、维护简单、调节方便，可直接利用气压信号实现系统的自动控制。(　　)
6. 液压传动可作大范围无级调速。(　　)
7. 液压传动对温度变化比较敏感。(　　)
8. 气压传动的控制元件的种类有压力、流量、方向和逻辑四大类。(　　)
9. 气压传动装置实质上是一种能量转换装置。(　　)
10. 将液压能转换为机械能的液压元件是液压泵。(　　)

三、单选题

1. 通常当工作压力较高时宜选用黏度较________的油，环境温度较高时宜选用黏度较________的油。

　　A. 低，高
　　B. 高，高
　　C. 高，低
　　D. 低，低

2. 属于气压系统执行元件的是________。

　　A. 电动机
　　B. 空气压缩机
　　C. 气缸
　　D. 行程阀

3. 图 10-1-1 所示的液压缸中，活塞截面积 A_1、活塞杆截面积 A_2 和活塞运动速度 v 已知。下列判断中正确的是________。

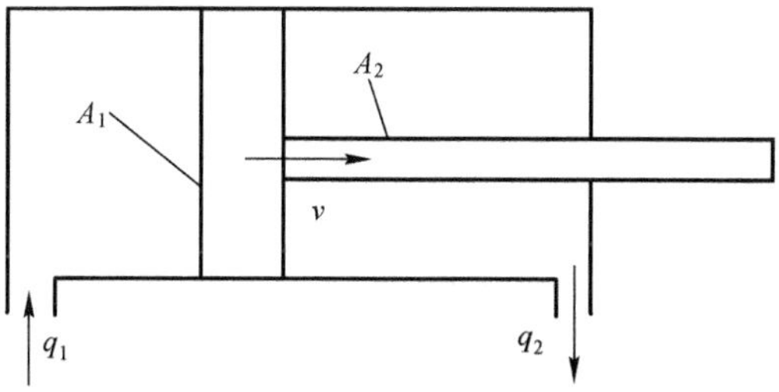

图　10-1-1

A. 进入液压缸中的流量 q_1 与从流出液压缸的流量 q_2 相等，即 $q_1=q_2$

B. 左、右两油腔的平均流速 v_1 和 v_2 与活塞运动速度 v 的关系为 $v_1=v_2=v$

C. 若进油管与回油管的有效直径相同，则进油管路与回油管路中液油液的平均流速 v_1 和 v_2 相等

D. 左、右两油腔的油液的压力相等，即 $q_1=q_2$

4. 气压传动系统中空气压缩机属于________。

A. 气源装置

B. 执行元件

C. 控制元件

D. 辅助元件

5. 水压机的大、小活塞的直径之比为 10:1，如果大活塞要上升 2 mm 则小活塞被压下的距离是________mm。

A. 50

B. 200

C. 10

D. 2

6. 气压传动与机械传动、电气传动比较，不属于其优点的是________。

A. 工作稳定性好

B. 反应快，维修简单

C. 有过载保护

D. 允许工作温度范围宽

7. 液压系统的动力元件是________。

A. 电动机

B. 液压泵

C. 液压缸

D. 液压阀

8. 以下不是气压传动缺点的是________。

A. 速度稳定性差

B. 输出压力小

C. 噪声大

D. 结构精密，制造、使用和维修有一定困难

9. 不属于液压传动的特点是________。

A. 无级变速

B. 结构紧凑

C. 传动效率低

D. 传递功率小

10. 液压系统图一般采用元件的________。

A. 结构图

B. 实物图

C. 图形符号

D. 原理图

四、简答题

液压传动和气压传动各有哪些优缺点？

第二节　气压传动的应用

一、填空题

1. 气源三联件指空气______________器、______________器和对系统压力进行调整的减压阀。

2. 压力控制阀可分为______________、______________和______________三种。

3. 三位四通换向阀的含义是气体有______________个位置的流动方向，有______________个与阀门相连接的通口。

4. 空气压缩机是产生压缩空气的装置，它将______________能转化的为气体的______________能。

5. 后冷却器有______________和______________两大类。

6. 气压传动的执行元件是______________。

7. 用来控制气流只能单向通过的方向控制阀称为______________。

8. 活塞式压缩机通过______________机构使活塞做往复运动而实现吸气、压气，达到提高气体压力的目的。

9. 气源装置为气动系统提供满足一定质量要求的压缩空气，它是气动系统的一个重要组成部分，气动系统对压缩空气的主要要求有：具有一定的______________，并具有一定的______________，因此，必须设置一些______________的辅助设备。

10. 储气罐的主要作用是消除气源输出气体的压力脉动，保证供气的______________性和______________性，并进一步分离压缩空气中的______________。

二、判断题

1. 油雾器补油时，最好选用较好的润滑油。(　　)

2. 经常性维护工作是指每天必须进行的维护工作。(　　)

3. 减压阀可以保持输出压力的稳定。(　　)

4. 空气站提供的压缩空气的压力，应高于与它相连接的每台设备正常工作所要求的压力。(　　)

5. 在实际工作中，红色表示急停按钮。(　　)

6. 在气压传动中，已经压缩好的空气可以直接供给控制元件及执行元件使用。(　　)

7. 后冷却器安装在空气压缩机的出口，其作用是达到初步净化压缩空气的目的。(　　)

8. 对于气源三联件，油雾器安装在减压阀之前，空气过滤器安装在减压阀之后，即压缩空气经过油雾器至减压阀，再经空气过滤器输出。(　　)

9. 气压控制阀是控制压缩空气的流向、压力和流量的控制元件。(　　)

10. 空气压缩站（气源装置）由气压发生装置、净化压缩空气装置和供气管道装置组成。(　　)

三、单选题

1. 下列控制元件属于方向控制阀的是________。
   A. 快速排气阀
   B. 单向节流阀
   C. 排气节流阀
   D. 顺序阀

2. 不能分离压缩空气中水分的元件是________。
   A. 储气罐
   B. 后冷却器
   C. 空气过滤器
   D. 油雾器

3. 下列元件中属于执行元件的是________。
   A. 后冷却器
   B. 快速排气阀
   C. 缓冲气缸
   D. 溢流阀

4. 下面不属于压力控制阀的是________。
   A. 安全阀
   B. 单向顺序阀
   C. 延时阀
   D. 调压阀

5. 中压型空气压缩机的压力范围是________。
   A. 0. 2 ～ 1 MPa
   B. 1 ～ 10 MPa
   C. 10 ～ 100 MPa
   D. 大于 100 MPa

6. 气压传动中后冷却器的作用是降低________。

A. 压缩空气温度

B. 空压机的温度

C. 油的温度

D. 储气罐的温度

7. 储气罐上没有的配置是________。

A. 安全阀

B. 压力计

C. 排水阀

D. 温度计

8. 不属于气压传动的辅助元件的是________。

A. 空气过滤器

B. 干燥器

C. 冷却器

D. 油雾器

9. 下面不是气压传动的压力控制阀的是________。

A. 排水阀

B. 顺序阀

C. 调压阀

D. 安全阀

10. 流量控制阀是通过改变________来实现流量控制的元件，以达到改变执行机构运动速度的目的。

A. 液体的流通速度

B. 阀的流通面积

C. 液体的种类

D. 阀的长度

四、简答题

气压传动中为什么要有分水排水器和后冷却器？

第三节　液压传动的应用

一、填空题

1. 压力控制阀用于控制系统的压力，常见的有______阀、______阀和______阀。

2. 调速阀是由______阀和定差______阀串接而成的。

3. 液压基本回路有______控制回路、______回路、______控制回路和______控制回路。

4. 液压辅助元件包括______器、______器、______箱等。

5. 二位三通换向阀表明阀芯有______个工作位置，阀体有______个向外接口。

6. ______是液压系统的执行元件，它完成液体压力能转换成机械能的过程，实现执行元件的直线往复运动。

7. 柱塞泵分为______柱塞泵和______柱塞泵。

8. 常见的液压泵有______、______和______。

9. 常用的流量控制阀有______和______。

10. 换向阀有多种形式，按阀芯的运动方式分为______和______；按阀的工作位置数和通路数可分为______；按操纵控制方式不同可分为______、______、______、______和______。

二、判断题

1. 为提高进油节流调速回路的运动平稳性，可在回油路上串接一个弹簧刚度较大的单向阀。(　　)

2. 在调压回路中，溢流阀的进口压力即为系统压力。(　　)

3. 溢流阀安装在液压泵的出口处，起稳压和安全保护作用。(　　)

4. 油箱必须与大气相同或采用密闭的充压油箱。(　　)

5. 减压回路所采用的核心元件是减压阀和溢流阀。(　　)

6. 液压传动系统中，压力的大小取决于油液的流动速度。(　　)

7. 当管道的截面积一定时，油液的流量越大，则其压力越大。(　　)

8. 齿轮泵、叶片泵和柱塞泵都可以实现变量。(　　)

9. 外啮合齿轮泵中，轮齿不断进入啮合一侧的油腔是吸油箱。(　　)

10. 节流阀常与定量泵、溢流阀共同组成节流调速系统。(　　)

三、单选题

1. 对于进油节流调速回路，______。

A. 泵的工作压力取决于外负载

B. 经节流阀而发热的油液不容易散热

C. 回路中有背压

D. 广泛用于功率较大的液压系统中

2. 在某一液压设备中需要一个完成很长工作行程的液压缸，宜采用下述液压缸中的________。

A. 单出杆活塞式液压缸

B. 双出杆活塞式液压缸

C. 伸缩式液压缸

D. 摆动式液压缸

3. 调速阀是由________组成的。

A. 可调节流阀与单向阀串接

B. 减压阀与可调节流阀串接

C. 减压阀与可调节流阀并接

D. 可调节流阀与单向阀并接

4. 在运动速度较高的液压缸中，用于液压缸及活塞杆密封的密封元件是________形密封圈。

A. O

B. V

C. Y

D. X

5. 缸筒较长时常采用的液压缸的形式是 ________。

A. 活塞式

B. 柱塞式

C. 无杆式

D. 摆动式

6. 外啮合齿轮泵的特点________。

A. 结构紧凑

B. 不存在径向不平衡力

C. 噪声较小，输油量均匀，体积小，重量轻

D. 价格低廉，工作可靠，自吸能力弱，多用于低压系统

7. 柱塞泵的特点是________。

A. 密封性好，效率高、压力大

B. 流量大且均匀，一般用于中压系统

C. 结构简单，对油液污染不敏感

D. 造价较低，应用较广

8. 单出杆活塞式杆式液压缸________。

A. 活塞两个方向的作用力相等

B. 工作台往复运动速度相等

C. 活塞两个方向的运动速度相等

D. 常用于实现机床的快速退回及工件进给

9. 液压传动系统中常用的方向控制阀是________。

A. 节流阀

B. 顺序阀

C. 溢流阀

D. 换向阀

10. 流量控制阀用来控制执行元件的________。

A. 运动方向

B. 运动速度

C. 压力大小

D. 运动平稳性

四、简答题

1. 比较进油节流调速、回油节流调速和旁油节流调速三种调速回路的特点。

2. 比较电磁换向阀、电液换向阀、机动换向阀的优缺点。

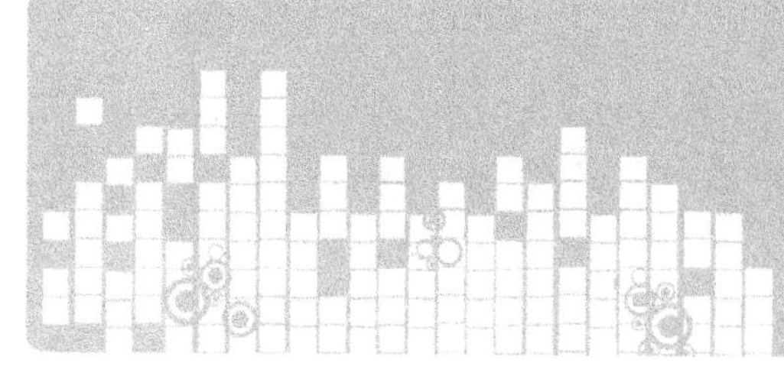

附录 A 《极限与配合》练习题

一、单项选择

1. 基本尺寸是________。
   A. 测量时得到的
   B. 加工时得到的
   C. 装配后得的
   D. 设计时给定的
2. 最大极限尺寸与基本尺寸的关系是________。
   A. 前者大于后者
   B. 前者小于后者
   C. 前者等于后者
   D. 两者之间的大小无法确定
3. 最小极限尺寸减其基本尺寸所得的代数差为________。
   A. 上偏差
   B. 下偏差
   C. 基本偏差
   D. 实际偏差
4. 关于偏差与公差之间的关系，下列说法中正确的是________。
   A. 实际偏差愈大，公差愈大
   B. 上偏差愈大，公差愈大
   C. 下偏差愈大，公差愈大
   D. 上下偏差之差的绝对值愈大，公差愈大
5. 关于尺寸公差，下列说法中正确的是________。
   A. 尺寸公差只能大于零，故公差值前应标“+”
   B. 尺寸公差是用绝对值定义的，没有正负的含义，故公差值前不应标“+”
   C. 尺寸公差不能为负值，但可以为零值
   D. 尺寸公差为允许尺寸变动范围的界限值
6. 具有互换性的零件应是________。
   A. 相同规格的零件
   B. 不同规格的零件

C. 相互配合的零件

D. 形状和尺寸完全相同的零件

7. ϕ30A5 比 ϕ120A8 的基本偏差________。

A. 大

B. 小

C. 等于

D. 无法比较

8. 最大极限尺寸________基本尺寸。

A. 大于

B. 小于

C. 等于

D. 大于 、小于、等于

二、填空题

1. 配合分为____________、____________、____________三种。

2. 位置公差中定向的公差项目有____________、____________、____________。跳动公差项目有____________、____________。形状公差项目有____________、____________、____________、____________。形状或位置公差项目有____________、____________。

3. 尺寸由____________和____________两部分组成，如 30 mm、60 cm 等。

4. 某一尺寸减其____________所得的代数差称为尺寸偏差，又简称____________。尺寸偏差可分为____________和____________两种，而____________又有____________偏差和____________偏差之分。

5. 孔的上偏差用____________表示，轴的下偏差用____________表示。

6. 在公差带图中，表示基本尺寸的一条直线称为____________。在此线以上的偏差为____________，在此线以下的偏差为____________。

7. 零件的实际尺寸减其基本尺寸所得的代数差为____________，当此代数差在____________确定的范围内时，尺寸为合格。

三、判断题

1. 同一尺寸的孔和轴，其标准公差等级越高，标准公差值越大。(　　)

2. 公差带图中，孔的公差带的基本偏差位置与零线重合时，表示其下偏差 EI 为零。(　　)

3. 基孔制的配合中，只有 H，没有 h。(　　)

4. 尺寸偏差可以是正值．负值或零。(　　)

5. 公差值可以为负值或零值。(　　)

6. 在过盈配合中，孔的尺寸永远小于轴的尺寸。(　　)

7. EI≥es 的孔轴配合是间隙配合。(　　)

8. 标准公差的作用是把公差带的大小标准化。(　　)

9. 过渡配合的孔、轴公差带一定相互重叠。(　　)

10. 同一公差等级的孔和轴的标准公差数值一定相等。(　　)

11. 公差可以说是允许零件尺寸的最大偏差。(　　)

12. 基本尺寸不同的零件，只要它们的公差值相同，就可以说明它们的精度要求相同。(　　)

13. 国家标准规定，孔只是指圆柱形的内表面。(　　)

14. 图样标注 φ200-0.021 mm 的轴，加工得愈靠近基本尺寸就愈精确。(　　)

15. 孔的基本偏差即下偏差，轴的基本偏差即上偏差。(　　)

16. 某孔要求尺寸为 φ20-0.046 ，今测得其实际尺寸为 φ19.962 mm，可以判断该孔合格。(　　)

17. 未注公差尺寸即对该尺寸无公差要求。(　　)

18. 某一配合，其配合公差等于孔与轴的尺寸公差之和。(　　)

19. 最大实体尺寸是孔和轴的最大极限尺寸的总称。(　　)

20. 公差值可以是正的或负的。(　　)

21. 实际尺寸等于基本尺寸的零件必定合格。(　　)

22. 因为公差等级不同，所以 φ50H7 与 φ50H8 的基本偏差值不相等。(　　)

23. 尺寸公差大的一定比尺寸公差小的公差等级低。(　　)

24. 一光滑轴与多孔配合，其配合性质不同时，应当选用基孔制配合。(　　)

25. 标准公差的数值与公差等级有关，而与基本偏差无关。(　　)

26. 只要零件不经挑选或修配，便能装配到机器上去，则该零件具有互换性。(　　)

27. 基本偏差决定公差带的位置。(　　)

28. 过渡配合可能具有间隙，也可能具有过盈，因此，过渡配合可能是间隙配合，也可能是过盈配合。(　　)

29. 配合公差的数值愈小，则相互配合的孔、轴的公差等级愈高。(　　)

30. 孔、轴配合为 φ40H9/n9，可以判断是过渡配合。(　　)

31. 孔、轴公差带的相对位置反映加工的难易程度。(　　)

32. 最小间隙为零的配合与最小过盈等于零的配合，二者实质相同。(　　)

33. 基轴制过渡配合的孔，其下偏差必小于零。(　　)

34. 装配精度高的配合，若为过渡配合，其值应减小；若为间隙配合，其值应增大。(　　)

35. 上极限尺寸一定大于下极限尺寸，上极限尺寸一定大于公称尺寸，下极限尺寸一定小于公称尺寸。(　　)

四、计算题（共 30 分，每题 15 分）

1. 计算下列孔和轴的尺寸公差，并分别给出尺寸公差带图。

(1) 孔基本尺寸为 50 mm，上偏差为+0.039 mm，下偏差为 0 mm。

（2）轴基本尺寸为 65 mm，上偏差为-0. 060 mm，下偏差为-0. 134 mm。

2. 已知下列配合，画出其公差带图，指出其基准制、配合种类并求出其极限特征值。

（1）$\phi50H8\left(^{+0.033}_{0}\right)/f7\left(^{-0.020}_{-0.041}\right)$

（2）$\phi40H7/m5$

附录 B

《机械基础》 试卷 1

一、单项选择题（本大题共 20 小题，每小题 2 分，共 40 分，错选、多选、未选均不得分）

1. 凸轮机构从动件的运动规律由（　　）决定。

   A. 凸轮转速

   B. 凸轮轮廓曲线

   C. 凸轮形状

   D. 凸轮基圆半径

2. 若组成运动副的两构件间的相对运动是移动，则称这种运动副为（　　）

   A. 转动副

   B. 移动副

   C. 球面副

   D. 螺旋副

3. 渐开线齿轮的齿廓曲线形状取决于（　　）

   A. 分度圆

   B. 齿顶圆

   C. 齿根圆

   D. 基圆

4. 在作低碳钢拉伸试验时，应力与应变成正比，该阶段属于（　　）

   A. 弹性阶段

   B. 屈服阶段

   C. 强化阶段

   D. 局部变形阶段

5. 因外部进入摩擦面间的游离颗粒而造成的磨损称为（　　）

   A. 黏着磨损

   B. 磨料磨损

   C. 疲劳磨损

   D. 腐蚀磨损

6. 柴油机曲轴中部的轴承应选用（　　）

A. 整体式滑动轴承

B. 剖分式滑动轴承

C. 深沟球轴承

D. 圆锥滚子轴承

7. 螺纹连接的自锁条件为（　　）

A. 螺纹升角≤当量摩擦角

B. 螺纹升角>摩擦角

C. 螺纹升角≥摩擦角

D. 螺纹升角≥当量摩擦角

8. 当一杆件两端受拉而处于平衡状态时，杆件内部的应力为（　　）

A. 剪应力

B. 挤压应力

C. 正应力

D. 切应力

9. 铰链四连杆机构的死点位置发生在（　　）

A. 从动件与连杆共线位置

B. 从动件与机架共线位置

C. 主动件与连杆共线位置

D. 主动件与机架共线位置

10. 当轴承转速较低，且只承受较大的径向载荷时，宜选用（　　）

A. 深沟球轴承

B. 推力球轴承

C. 圆柱滚子轴承

D. 圆锥滚子轴承

11. 减速器型号中，ZLY 表示该减速器为（　　）

A. 单级减速器

B. 两级减速器

C. 三级减速器

D. 四级减速器

12. 在一般机械传动中，若需要带传动时，应优先选用（　　）

A. 圆形带传动

B. 同步带传动

C. V 形带传动

D. 平带传动

13. 铰链四杆机构中，若最短杆与最长杆长度之和小于其余两杆长度之和，则为了获得曲柄摇杆机构，其机架应取（　　）

A. 最短杆

B. 最短杆的相邻杆

C. 最短杆的相对杆

D. 任何一杆

14. 若被连接件之一厚度较大、材料较软、强度较低、需要经常拆装时，宜采用（　　）

A. 螺栓连接

B. 双头螺柱连接

C. 螺钉连接

D. 紧固螺钉连接

15. 若两轴间的动力传递中，按工作需要需经常中断动力传递，则这两轴间应采用(　　)

A. 联轴器

B. 变速器

C. 离合器

D. 制动器

16. 在变速传动设计中，当两平行轴间的动力传递要求传动平稳、传动比精确、且传递功率较大、转速较高时宜采用（　　）

A. 带传动

B. 链传动

C. 齿轮传动

D. 蜗杆传动

17. 在液压传动中，油泵属于（　　）

A. 动力元件

B. 执行元件

C. 控制元件

D. 辅助元件

18. 下列联轴器中，能补偿两轴的相对位移并可缓冲、吸振的是（　　）

A. 凸缘联轴器

B. 齿式联轴器

C. 万向联轴器

D. 弹性销联轴器

19. 液压传动中的工作介质为（　　）

A. 液压油

B. 油泵

C. 油缸

D. 油管

20. 带传动的主要失效形式是带的（　　）

A. 疲劳拉断和打滑

B. 磨损和胶合

C. 胶合和打滑

D. 磨损和疲劳点蚀

二、填空题（本大题共 11 小题，每空 0.5 分，共 15 分）

21. 在液压传动中，液压控制阀主要分为____________、____________、____________三大类。

22. 液压传动中，液压缸的作用是____________________。

23. 链传动中，常用的链主有____________和____________两种。

24. 按凸轮的形状，凸轮可分为____________、____________、____________和____________。

25. 齿轮传动中，常用的齿轮有____________、____________和____________等几种。

26. 普通平键的剖面尺寸（$b \times h$），一般应根据____________按标准选择。

27. 常用螺纹的主要类型有____________、____________、____________、____________和____________。

28. 机械中，常用的制动器有____________、____________、____________和____________。

29. 机械中，常用的离合器有____________、____________、____________和____________。

30. 机械中，常用的润滑方式有____________和____________两种。

31. 作用在物体上的一群力称为____________。

三、简答题（本大题共 5 小题，每小题 3 分，共 15 分）

32. 什么是机械零件的强度？

33. 杆件有哪几种基本变形？

34. 键连接的功用和类型？

35. 列举三种常用的机构和四种常用的机械传动方式。

36. 什么为运动副？

四、问答题（本大题共 3 题，每小题 5 分，共 15 分）

37. 什么为液压控制基本回路？常用的液压控制基本回路有哪几种？

38. 带传动有什么使用特点？根据带的剖面形状的不同，带可以分为哪几种类型？

39. 根据直轴的载荷不同，直轴可分为哪几类？各有什么受力特点？并举例说明。

五、计算题（本大题共 2 小题，第 40 题 7 分、第 41 题 8 分，共计 15 分）

40. 重 10 kN 的物体用两根钢索悬挂（图 B-1）。设钢索重力不计，求钢索的拉力。

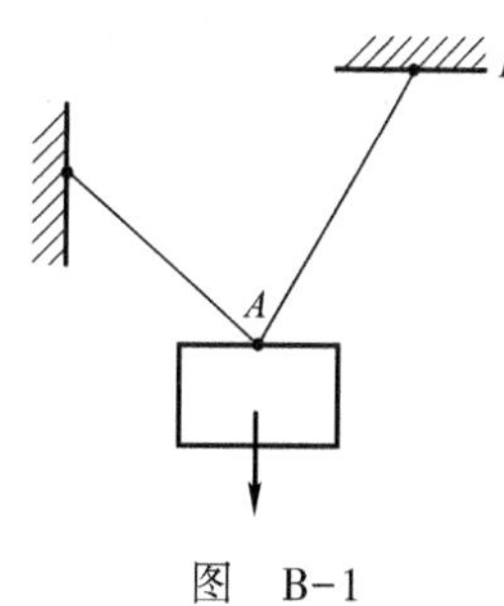

图 B-1

41. 相啮合的一对标准直齿圆柱齿轮，$n_1 = 900$ r/min，$n_2 = 300$ r/min。$a = 200$ mm，$m = 5$ mm，求齿数 z_1、z_2。（注：a 为中心距，m 为齿轮模数）。

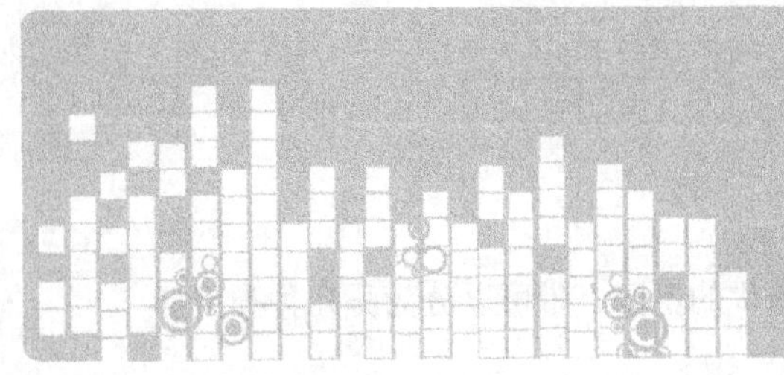

附录 C 《机械基础》试卷 2

一、单项选择题（本大题共 25 小题，每小题 2 分，共 50 分，错选、多选、未选均不得分）

1. 若组成运动副的两构件间的相对运动是转动，则称这种运动副为（　　）
   A. 转动副
   B. 移动副
   C. 球面副
   D. 螺旋副
2. 在做低碳钢拉伸试验时，应力与应变成正比，该阶段属于（　　）
   A. 弹性阶段
   B. 屈服阶段
   C. 强化阶段
   D. 局部变形阶段
3. 机械的运动单元是（　　）
   A. 零件
   B. 构件
   C. 机构
   D. 组件
4. 当一杆件两端受拉而处于平衡状态时，杆件内部的应力为（　　）
   A. 剪应力
   B. 挤压应力
   C. 正应力
   D. 切应力
5. 当一杆件只承受扭转时，杆件内部的应力为（　　）
   A. 剪应力
   B. 挤压应力
   C. 正应力
   D. 切应力
6. 下列关于力矩的叙述（　　）是错误的。

A. 力的大小为零时，力矩为零

B. 力的作用线通过力矩心时，力臂为零，故力矩为零

C. 力矩的大小等于力的大小与力臂的乘积

D. 力矩的大小只取决于力的大小

7. 在下列机械传动中，（　　）具有精确的传动比。

A. 皮带传动

B. 链条传动

C. 齿轮传动

D. 液压传动

8. 铰链四连杆机构的死点位置发生在（　　）

A. 从动件与连杆共线位置

B. 从动件与机架共线位置

C. 主动件与连杆共线位置

D. 主动件与机架共线位置

9. 选取 V 带型号，主要取决于（　　）

A. 带传递的功率和小带轮转速

B. 带的线速度

C. 带的紧边拉力

D. 带的松边拉力

10. 在一般机械传动中，若需要带传动时，应优先选用（　　）

A. 圆形带传动

B. 同步带传动

C. V 形带传动

D. 平带传动

11. 带传动产生弹性滑动的原因是（　　）

A. 带与带轮间的摩擦系数较小

B. 带绕过带轮产生了离心力

C. 带的紧边和松边存在拉力差

D. 带传递的中心距大

12. 设计 V 带传动时，为防止（　　），应限制小带轮的最小直径。

A. 带内的弯曲力过大

B. 小带轮上的包角过小

C. 带的离心力过大

D. 带的长度过长

13. 在一皮带传动中，若主动带轮的直径为 100mm，从动带轮的直径为 300mm，则其传动比为（　　）

A. 0.33

B. 3

C. 4

D. 5

14. 槽轮机构的作用是（　　）
A. 将主动件的连续均匀运动转变为从动件的间歇转动
B. 用于主、从动件间的变速传动
C. 用于两轴间的匀速传动
D. 将主动件的圆周运动转换为从动件的直线运动
15. 带张紧的目的是（　　）
A. 减轻带的弹性滑动
B. 延长带的寿命
C. 改变带的运动方向
D. 使带具有一定的初拉力
16. 若被连接件之一厚度较大、材料较软、强度较低、需要经常拆装时，宜采用（　　）
A. 螺栓连接
B. 双头螺柱连接
C. 螺钉连接
D. 紧固螺钉连接
17. 螺纹连接的自锁条件为（　　）
A. 螺纹升角≤当量摩擦角
B. 螺纹升角>摩擦角
C. 螺纹升角≥摩擦角
D. 螺纹升角≥当量摩擦角
18. 在螺栓连接中，有时在一个螺栓上采用双螺母，其目的是（　　）
A. 提高强度
B. 提高刚度
C. 防松
D. 减小每圈螺纹牙上的受力
19. 若一螺栓顺时针旋入、逆时针旋出，则该螺栓为（　　）
A. 左旋螺纹
B. 双线螺纹
C. 右旋螺纹
D. 单线螺纹
20. 工作时只承受弯矩，不传递转矩的轴，称为（　　）
A. 心轴
B. 转轴
C. 传动轴
D. 曲轴
21. 根据轴的承载情况，（　　）的轴称为转轴。
A. 既承受弯矩又承受转矩
B. 只承受弯矩不承受转矩
C. 不承受弯矩只承受转矩
D. 承受较大轴向载荷

22. 联轴器与离合器的主要作用是（　　）

A. 缓冲、减振

B. 传递运动和转矩

C. 防止机器发生过载

D. 补偿两轴的不同心或热膨胀

23. 两轴的偏角位移达 30°，这时宜采用（　　）联轴器。

A. 万向

B. 齿式

C. 弹性套柱销

D. 凸缘

24. 金属弹性元件挠性联轴器中的弹性元件都具有（　　）的功能。

A. 对中

B. 减磨

C. 缓冲和减振

D. 缓冲

25. 机器和机构统称为（　　）

A. 机器

B. 机械

C. 构件

D. 部件

二、填空题（本大题共 4 小题，每空 1 分，共 13 分）

26. 按照机构中曲柄的数量，可将铰链四杆机构分成____________、____________和____________三种基本形式。

27. 杆件变形的基本形式有____________、____________、____________和____________四种。

28. 根据轴承工作的摩擦性质，轴承可分为____________和____________两大类。

29. 按凸轮的形状，凸轮可分为____________、____________、____________和____________四种。

三、简答题（本大题共 4 小题，每小题 3 分，共 12 分）

30. 凸轮的功用是什么？

31. 杆件拉伸与压缩的受力特点及变形特点是什么？

32. 轴承的作用是什么？

33. 机器与机构有什么异同？

四、问答题（本大题共 2 题，每小题 5 分，共 10 分）

34. 按磨损的损伤机理和破坏特点，可将磨损的类型分为哪四种？

35. 二力平衡条件与作用和反作用定律有何异同？

五、计算题（本大题共 2 小题，第 36 题 9 分、第 37 题 6 分，共计 15 分）

36. 一对外啮合正常标准直齿圆柱齿轮传动，已知 $m=5$ mm，小齿轮齿数 $z_1=26$，$i=2.5$，求小齿轮的分度圆直径、齿顶圆直径、齿根圆直径、全齿高和两齿轮中心距。

37. 有一链传动，已知两链轮的齿数分别为 $z_1=20$，$z_2=50$，求其传动比 i；若主动轮转速 $n_1=800$ r/min，求其从动轮转速 n_2。

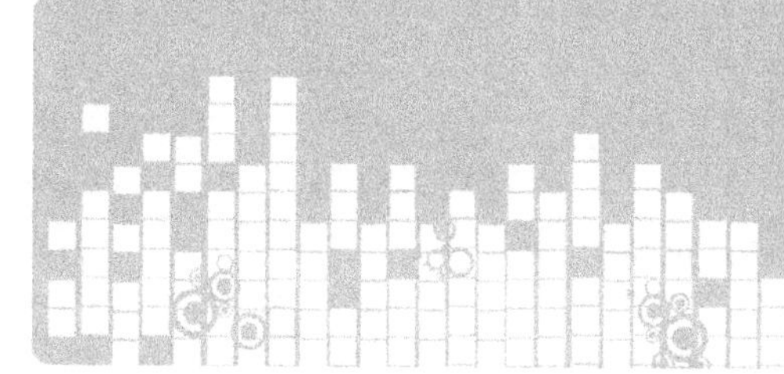

附录D

《机械基础》 试卷3

一、单项选择题（本大题共25小题，每小题2分，共50分，错选、多选、未选均不得分）

1. 机器和机构统称为（　　）
   A. 机器
   B. 机械
   C. 构件
   D. 部件
2. 若组成运动副的两构件间的相对运动是移动，则称这种运动副为（　　）
   A. 转动副
   B. 移动副
   C. 球面副
   D. 螺旋副
3. 下列关于合力与分力的描述（　　）是正确的。
   A. 合力一定大于分力
   B. 合力等于分力
   C. 合力不一定大于分力
   D. 合力等于各分力的标量和
4. 只受两个力的作用而保持平衡的刚体称为（　　）。
   A. 平衡体
   B. 二力体
   C. 平衡刚体
   D. 力系
5. 在作低碳钢拉伸试验时，应力与应变成正比，该阶段属于（　　）。
   A. 弹性阶段
   B. 屈服阶段
   C. 强化阶段
   D. 局部变形阶段
6. 铰链四杆机构中，若最短杆与最长杆长度之和小于其余两杆长度之和，则为了获得曲柄摇杆机构，其机架应取（　　）。

A. 最短杆

B. 最短杆的相邻杆

C. 最短杆的相对杆

D. 任何一杆

7. 关于约束反力的方向确定，下列（　　）叙述是正确的。

A. 约束反力的方向无法确定

B. 约束反力的方向与约束对物体限制其运动趋势的方向相反

C. 约束反力的方向随意

D. 约束反力的方向与约束对物体限制其运动趋势的方向相同

8. 在一般机械传动中，若需要带传动时，应优先选用（　　）

A. 圆形带传动

B. 同步带传动

C. V 型带传动

D. 平型带传动

9. 中心距一定的带传动，小带轮上包角的大小主要由（　　）决定。

A. 小带轮直径

B. 大带轮直径

C. 两带轮直径之和

D. 两带轮直径之差

10. 带传动产生弹性滑动的原因是（　　）。

A. 带与带轮间的摩擦系数较小

B. 带绕过带轮产生了离心力

C. 带的紧边和松边存在拉力差

D. 带传递的中心距大

11. 带传动是依靠（　　）来传递运动和功率的。

A. 带与带轮接触面之间的正压力

B. 带与带轮接触面之间的摩擦力

C. 带的紧边拉力

D. 带的松边拉力

12. 当一杆件只承受扭转时，杆件内部的应力为（　　）

A. 剪应力

B. 挤压应力

C. 正应力

D. 切应力

13. 当螺纹公称直径、牙型角、螺纹线数相同时，细牙螺纹的自锁性能比粗牙螺纹的自锁性能（　　）。

A. 好

B. 差

C. 相同

D. 不一定

14. 用于薄壁零件连接的螺纹，应采用（　　）

A. 三角形细牙螺纹

B. 梯形螺纹

C. 锯齿形螺纹

D. 矩形螺纹

15. 螺纹连接的自锁条件为（　　）

A. 螺纹升角≤当量摩擦角

B. 螺纹升角>摩擦角

C. 螺纹升角≥摩擦角

D. 螺纹升角≥当量摩擦角

16. 计算紧螺栓连接的拉伸强度时，考虑到拉伸与扭转的复合作用，应将拉伸载荷增加到原来的（　　）倍。

A. 1.1

B. 1.3

C. 1.25

D. 0.3

17. 与链传动相比较，带传动的优点是（　　）

A. 工作平隐，基本无噪声

B. 承载能力大

C. 传动效率高

D. 使用寿命长

18. 自行车的前轴为（　　）

A. 心轴

B. 转轴

C. 传动轴

D. 曲轴

19. 工作时只承受弯矩，不传递转矩的轴，称为（　　）

A. 心轴

B. 转轴

C. 传动轴

D. 曲轴

20. 根据轴的承载情况，（　　）的轴称为转轴。

A. 既承受弯矩又承受转矩

B. 只承受弯矩不承受转矩

C. 不承受弯矩只承受转矩

D. 承受较大轴向载荷

21. 联轴器与离合器的主要作用是（　　）。

A. 缓冲、减振

B. 传递运动和转矩

C. 防止机器发生过载

D. 补偿两轴的不同心或热膨胀

22. 两轴的偏角位移达35°，这时宜采用（　　）联轴器。

A. 万向

B. 齿式

C. 弹性套柱销

D. 凸缘

23. 在机器中，将其他形式的能量转换为机械能，以驱动机器各部分运动的装置称为（　　）。

A. 动力装置

B. 执行机构

C. 控制系统

D. 传动系统

24. 下列联轴器中，能补偿两轴的相对位移并可缓冲、吸振的是（　　）。

A. 凸缘联轴器

B. 齿式联轴器

C. 万向联轴器

D. 弹性销联轴器

25. 槽轮机构的作用是（　　）。

A. 将主动件的连续均匀运动转变为从动件的间歇转动

B. 用于主、从动件间的变速传动

C. 用于两轴间的变矩传动

D. 用于两轴间的匀速传动

二、填空题（本大题共4小题，每空1分，共12分）

26. 按凸轮的形状，凸轮可分为____________、____________、____________和____________。

27. 螺纹连接的基本类型有____________、____________、____________和____________。

28. 根据轴承工作的摩擦性质，轴承可分为____________和____________两大类

29. 机器的制造单元是____________，运动单元是____________。

三、简答题（本大题共4小题，每小题3分，共12分）

30. 什么是机械零件的刚度？

31. 滚动轴承与滑动轴承相比，为什么滚动轴承应用得更广泛？

32. 什么是约束、约束反力？约束的类型有哪几种？它们的约束反力是怎样的？

33. 零件与构件有什么不同？

四、问答题（本大题共 2 题，每小题 5 分，共 10 分）

34. 什么是内力？试述用截面法求内力的方法和步骤？

35. 滑动轴承分哪几种，各有什么应用特点？

五、计算题（本大题共2小题，第36题7分，第37题9分，共计16分）

36. 某车床的电动机转速为1 440 m/s，主动带轮的基准直径为125 mm，从动带轮的转速为804 r/min，求从动带轮的基准直径为多少？

37. 图D-1所示的铰链四杆机构中$AB=40$，$BC=100$，$CD=70$，$AD=80$。

（1）若AD杆为机架，该机构为__________机构；若AB杆为机架，为__________机构；若CD杆为机架，为__________机构；若BC杆为机架，为__________机构。

（2）图D-1所示位置机构中，若以AB为主动件，则有__________个死点位置；若以CD杆为主动件，则有__________个死点位置。

（3）若AB、BC、CD长度不变，AD变为60，则图D-1所示机构的名称为__________；若其他杆长不变，AB变为45，则CD的摆动范围将会__________（增大、减小、不变）。

（4）作出图D-1所示机构中CD杆的两个极限位置并标出极位夹角θ。

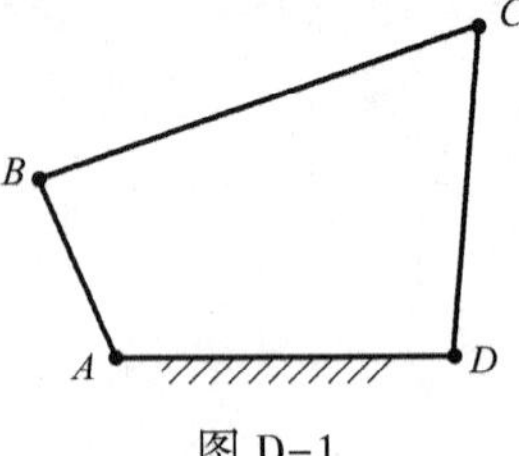

图D-1

附录 E 《机械基础》试卷 4

一、单项选择题（本大题共 25 小题，每小题 2 分，共 50 分，错选、多选、未选均不得分）

1. 在液压传动系统中，油泵为（　　）。
   A. 动力元件
   B. 执行元件
   C. 控制元件
   D. 辅助元件
2. 在液压传动系统中，将机械能转换为液压能的元件为（　　）。
   A. 油泵
   B. 油管
   C. 压力控制阀
   D. 油缸
3. 右图 E-1 表示（　　）。
   A. 圆柱齿轮传动
   B. 圆柱蜗杆传动
   C. 圆锥齿轮传动
   D. 圆锥蜗杆传动

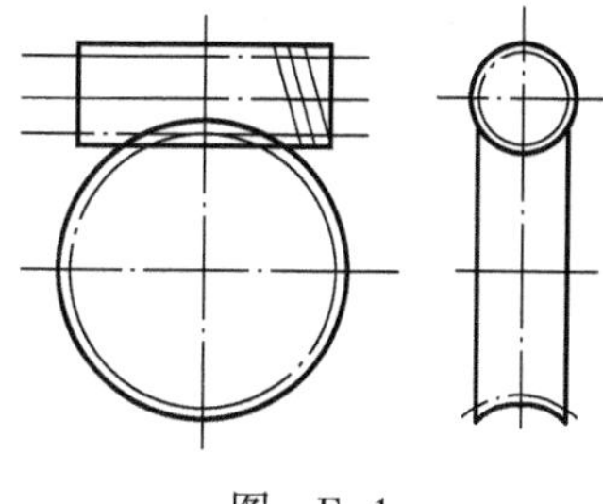

图　E-1

4. 右图 E-2 符号表示（　　）。
   A. 普通节流阀
   B. 油泵
   C. 溢流阀
   D. 单向阀

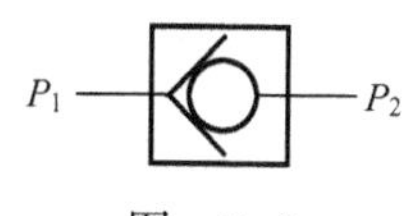

图　E-2

5. 液压传动的工作介质是（　　）。
   A. 油管
   B. 油箱
   C. 液压油
   D. 气体
6. 在液压传动系统中，通过改变阀口流通面积大小来调节油液流量的阀为（　　）。

A. 单向阀

B. 压力控制阀

C. 流量控制阀

D. 溢流阀

7. 机械的制造单元是（　　）。

A. 零件

B. 构件

C. 机构

D. 组件

8. 在液压传动系统中，控制油液流动方向的阀称为（　　）。

A. 压力控制阀

B. 流量控制阀

C. 方向控制阀

D. 组合阀

9. 下列关于液压传动的叙述（　　）是错误的。

A. 液压传动在实际生产中应用广泛

B. 液压传动质量小、扭矩大、结构紧凑

C. 液压传动润滑良好，传动平稳

D. 液压传动在实际生产中应用范围小

10. 在液压系统中，起过滤油液中的杂质，保证油路畅通作用的辅助元件为（　　）。

A. 过滤器

B. 油箱

C. 油管

D. 蓄能器

11. 在一齿轮系中，若各齿轮和传动件的几何轴线都是固定的，则此轮系为（　　）。

A. 定轴轮系

B. 动轴轮系

C. 周转轮系

D. 行星轮系

12. 下列关于油马达和油泵，（　　）叙述是不正确的。

A. 油泵就是油马达

B. 油泵是动力元件，油马达是执行元件

C. 油泵是将机械能转换为压力能

D. 油马达是将压力能转换为机械能

13. 一轮系有三对齿轮参加传动，经传动后，则输入轴与输出轴的旋转方向（　　）。

A. 相同

B. 相反

C. 不变

D. 不定

14. 在一般机械传动中，若需要带传动时，应优先选用（　　）。

A. 圆形带传动
B. 同步带传动
C. V形带传动
D. 平带传动

15. 在下列常见油泵中，（　　）具有较高的油压。
A. 齿轮泵
B. 单作用叶片泵
C. 双作用叶片泵
D. 柱塞泵

16. 在下列机械传动中，（　　）具有精确的传动比。
A. 皮带传动
B. 链条传动
C. 齿轮传动
D. 液压传动

17. 在下列传动中，（　　）属于摩擦传动。
A. 皮带传动
B. 链条传动
C. 齿轮传动
D. 蜗杆传动

18. 下列（　　）传动能改变两轴间的传动方向。
A. 直齿圆柱齿轮
B. 斜齿圆柱齿轮
C. 内啮合齿轮
D. 圆锥齿轮

19. 某对齿轮传动的传动比为5，则表示（　　）。
A. 主动轴的转速是从动轴转速的5倍
B. 从动轴的转速是主动轴转速的5倍
C. 主动轴与从动轴的转速差为5
D. 主动轴与从动轴的转速和为5

20. 在一皮带传动中，若主动带轮的直径为100mm，从动带轮的直径为300mm，则其传动比为（　　）。
A. 0.33
B. 3
C. 4
D. 5

21. 在图E-3所示的齿轮-凸轮轮系中，轴4称为（　　）。
A. 零件
B. 机械
C. 构件
D. 部件

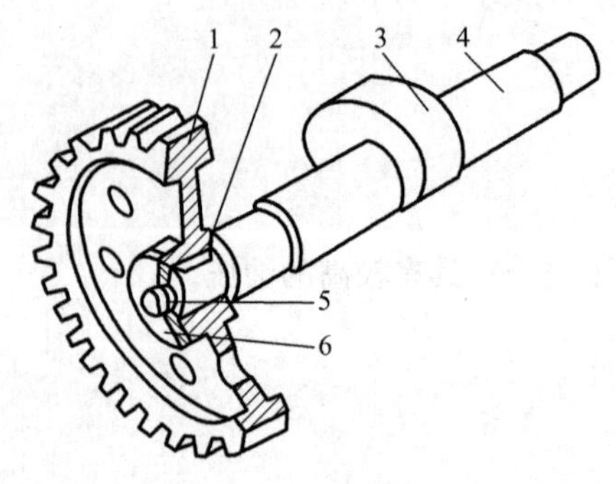

图 E-3

1—齿轮；2—键；3—凸轮；4—轴；5—螺栓；6—轴端挡板

22. 铰链四杆机构中，若最短杆与最长杆长度之和小于其余两杆长度之和，则为了获得曲柄摇杆机构，其机架应取（　　）。

A. 最短杆

B. 最短杆的相邻杆

C. 最短杆的相对杆

D. 任何一杆

23. 关于约束反力的方向确定下列（　　）叙述是正确的。

A. 约束反力的方向无法确定

B. 约束反力的方向与约束对物体限制其运动趋势的方向相反

C. 约束反力的方向随意

D. 约束反力的方向与约束对物体限制其运动趋势的方向相同

24. 自行车的前轴为（　　）。

A. 心轴

B. 转轴

C. 传动轴

D. 曲轴

25. 若两轴间的动力传递中，按工作需要需经常中断动力传递，则这两轴间应采用（　　）。

A. 联轴器

B. 变速器

C. 离合器

D. 制动器

二、填空题（本大题共 4 小题，每空 1 分，共 12 分）

26. 常见的机械传动有________、________、________和________等。

27. 在皮带传动中，常见的皮带形式有________、________、________和________等。

28. 液压传动系统主要由________、________、________和

________四部分组成。

三、简答题（本大题共 4 小题，每小题 3 分，共 12 分）

29. 在多级齿轮减速器中，高速轴的直径总比低速轴的直径小，为什么？

30. 何谓带传动的弹性滑动和打滑？能否避免？

31. 何谓机构的死点位置？生产中如何消除“死点”？

32. 键连接的功用和类型？

四、问答题（本大题共 2 题，每小题 5 分，共 10 分）

33. 什么是应力？什么是应变？当杆件受到轴力时，在弹性范围内，应变与应力存在什么关系？

34. 右图 E-4 所示为柱塞泵的结构示意图，请依次写出各零件的名称。

1 ____________ 2 ____________

3 ____________ 4 ____________

5 ____________

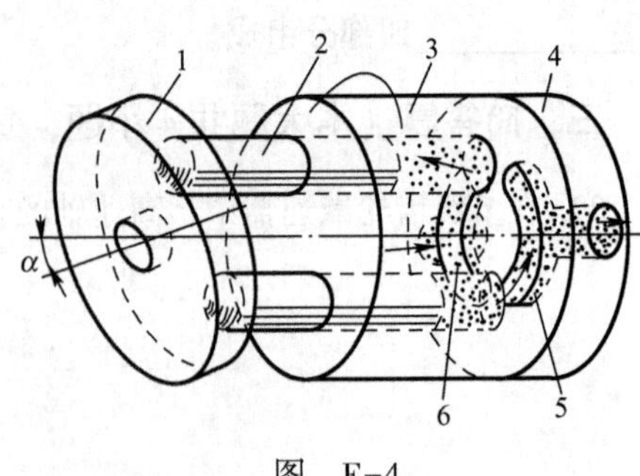

图 E-4

五、计算题（本大题共 2 小题，第 36 题 7 分，第 37 题 9 分，共计 16 分）

35. 一对外接圆柱式摩擦轮传动，已知：主动轮半径 $r_1=80$ mm，转速 $n_1=360$ r/min，若要求传动比 $i=3$，试求：

（1）从动轮转速 $n_2=$？

（2）从动轮半径 $r_2=$？

36. 在图 E-5 中，轴 Ⅰ 为主动轴，轴Ⅳ为输出轴，设 $z_1=20$，$z_2=40$ ，$z_3=24$，$z_4=48$，$z_5=18$，$z_6=54$，求此轮系的传动比为多少？当 $n_1=2000$ r/min，求 n_6是多少？

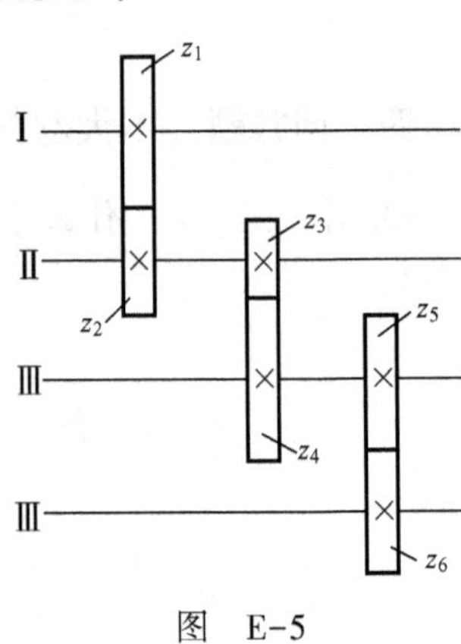

图 E-5

参 考 文 献

[1] 黄森彬. 机械设计基础 [M]. 北京：高等教育出版社，2001.
[2] 倪森寿. 机械基础 [M]. 北京：高等教育出版社，2002.